AF592082

OUVRAGES FAISANT PARTIE DE LA MÊME COLLECTION :

Les Mérinos, par M. ÉMILE BAUDEMENT, professeur au Conservatoire des Arts et Métiers, précédés d'une notice biographique sur l'auteur et de considérations générales sur l'espèce ovine, par M. GUY DE CHARNACÉ. 1 vol. in-18 jésus, avec figures, broché. 2 fr.

Animaux et Plantes *à importer et à domestiquer* dans l'Europe moyenne, par M. SACC, professeur à l'Académie de Neuchâtel (Suisse). 1 vol. in-18 jésus, avec figures, broché......... 2 fr.

La Culture du Houblon, par M. JOURDEUIL. 1 vol. in-18 jésus, avec figures, broché........................... 2 fr.

Mortalité, Hygiène et Alimentation du Bétail, par M. A. GOBIN, 1 vol. in-18 jésus, broché................. 2 fr.

CORBEIL, typ. et stér. de CRÉTÉ.

PRINCIPES

DE

ZOOTECHNIE

BIBLIOTHÈQUE DE L'AGRICULTURE
Publiée sous la direction de J.-A. BARRAL
Membre de la Société impériale et centrale d'Agriculture de France,
Directeur du *Journal de l'Agriculture*, etc.

PRINCIPES DE ZOOTECHNIE

PAR

ÉMILE BAUDEMENT
Professeur au Conservatoire des Arts et Métiers, etc.

PRÉCÉDÉS
D'UNE INTRODUCTION
PAR
GUY DE CHARNACÉ

PARIS
LIBRAIRIE D'ÉDUCATION ET D'AGRICULTURE
CH. DELAGRAVE ET Cie, LIBRAIRES-ÉDITEURS
RUE DES ÉCOLES, 78

1869

AVANT-PROPOS

Les études que nous livrons aujourd'hui à la publicité sont l'un des chapitres de l'ouvrage considérable que Baudement devait consacrer, un jour, à la zootechnie. La mort est venue prendre cette belle intelligence à l'heure même où elle allait jeter un grand éclat sur la science zoologique ; et l'on peut juger de la magnificence qu'eût atteinte le monument par la valeur de ce livre.

Baudement avait reçu du gouvernement français la mission d'étudier les races bovines de l'Europe, à l'occasion de l'Exposition internationale de 1856, et de publier les résultats de ses travaux. Une introduction est tout ce qui reste de ce vaste projet dont le destin n'a pas permis la réalisation. Par ordre du Ministre de l'agriculture, du commerce et des travaux publics, l'Imprimerie Impériale en a tiré un petit nombre d'exemplaires, dans la forme d'un atlas qui renferme, en outre, des cartes géographiques, dressées par Baudement et devant servir à l'histoire des races bovines de l'Europe, enfin cinquante-neuf planches représentant les principaux types de l'espèce.

Cette remarquable introduction, jointe à ces *Principes zootechniques*, contient toute la pensée de l'éminent professeur du Conservatoire des arts et métiers, sur la méthode scientifique conçue par Gasparin. Cet illustre agronome donna, comme on le sait, à l'art de produire et d'améliorer les animaux le nom de zootechnie. Émile Baudement eut ensuite la gloire de formuler la nouvelle doctrine zootechnique dans ses cours et dans le petit nombre de travaux qu'il a légués à la postérité.

Le bel atlas et le texte qui l'accompagne n'étant point destinés à une grande publicité, il nous a paru nécessaire d'analyser les principes généraux qui y sont exposés et qui forment la base de l'économie du bétail.

Cela fait, notre tâche sera terminée. Ajoutons que nous l'avons accomplie avec tout le respect d'une mémoire qui nous est chère et avec un profond sentiment de reconnaissance pour un maître regretté. La publication des œuvres posthumes de Baudement, dont bénéficie aujourd'hui la *Bibliothèque de l'agriculture*, fondée et dirigée par M. J.-A. Barral, est, pour nous, un titre de gloire auquel nous n'eussions pas osé prétendre et qui, désormais, suffira à notre ambition.

GUY DE CHARNACÉ.

INTRODUCTION

De l'espèce. — Baudement, dans son enseignement oral ou écrit, ne s'est point étendu longuement sur l'*espèce*. Il n'a fait qu'effleurer le sujet, tel qu'il se présente dans l'étude de la zoologie appliquée à l'agriculture, ne se souciant point de mettre les savants d'accord sur une question où ils se montrent fort divisés. Voici la définition qu'il en donne : « Tous les individus, dit-il, qui se ressemblent entre eux, qui peuvent, par conséquent, être considérés issus des mêmes parents, et qui donnent, par leur alliance, des produits indéfiniment féconds, semblables à eux, constituent une *espèce*. »

La fécondité continue est donc la limite exacte, le caractère propre de l'espèce. Voilà tout ce qu'il importe d'établir, la question d'origine, enveloppée d'une nuit profonde, n'ayant qu'une importance très-secondaire.

De la race. — Sous l'influence de certaines causes, essentiellement variables, des dissemblances s'accusent, des variations se perpétuent entre certains groupes d'individus, doués d'aptitudes particulières, formant lignée, et constituent la *race*. « Les races sont donc, dit Baudement, des variétés caractérisées et constantes de l'espèce. » Mais l'idée exacte et complète de la race implique, en économie du bétail, continue-t-il, « une association de caractères et d'aptitudes répondant à certains besoins de la consommation, une valeur précise, un emploi dans un milieu approprié et une immutabilité dans l'ensemble, une certitude dans la transmission des traits distinctifs, qui garantissent contre toute modification sensible, tant que les animaux restent dans les mêmes conditions. »

Du bétail dans la ferme. — Baudement compare le rôle des animaux domestiques en agriculture à celui des machines dans l'industrie, les uns comme les autres « sont des machines donnant des services et des produits. » Cette comparaison est fort juste, et il le démontre par la similitude parfaite des rôles. Les animaux mangent, de même que les machines brûlent, une certaine quantité de combustible. Ils fournissent lait, viande et force pour une nourriture donnée, comme les machines donnent de la force pour une certaine dépense en charbon. La parfaite connaissance du fonctionnement de la machine animale est aussi utile à connaître que le mécanisme de l'autre. C'est même cette connaissance exacte qui seule permet à l'éleveur d'entreprendre, avec l'assurance du bénéfice, l'exploitation de ces animaux.

Des services de l'espèce bovine. — L'introduction

que nous résumons, devant, comme nous l'avons dit, servir de portique à l'histoire des races bovines, Baudement n'a dû s'occuper que de leurs services propres. Il a montré les trois aptitudes de l'espèce : l'aptitude à l'engraissement, l'aptitude à la production du lait, et l'aptitude au travail. Puis il a posé, en principe, qu'à chacune d'elles correspondait un *type* de perfection, que les différentes races devaient réaliser.

De la classification. — Quelques auteurs ont divisé les races en races *naturelles* et *artificielles*, ce qui impliquerait forcément que certaines de nos races domestiques se seraient rencontrées en quelque pays à l'état de nature. Et, chose vraiment singulière, on a vu des agronomes opposer ces races les unes aux autres, dans le but de donner la préférence aux premières sur les secondes. La vérité est que toutes les causes de modification chez les animaux sont naturelles, avec cette différence que, dans l'état de civilisation, ces causes sont appropriées, utilisées en vue d'un résultat défini. Mais à aucune époque et dans aucun lieu les animaux domestiques ne se sont rencontrés à l'état de nature, à moins, comme le dit Baudement, qu'ils ne soient redevenus indépendants, et il cite les tarpans d'Asie et les alzadors d'Amérique. Ne s'est-on pas avisé de dire que le coursier d'Arabie était le cheval de la nature pour l'opposer au cheval anglais, dit de pur sang, comme si l'un et l'autre n'étaient pas « le produit de l'industrie de l'homme, plus ou moins simple ou coûteuse dans ses procédés. » On sait, en effet, de quels soins l'Arabe entoure son compagnon de tente ! On sait aussi que l'art de l'*entraînement* nous est venu d'Orient, où l'on soumet indistinctement tous les chevaux à cette préparation.

« Il y a plus, dit Baudement, les races les plus parfaites, et les seules parfaites, sont précisément celles qui se sont façonnées entre les mains de l'homme, qui ont été par lui appropriées à un milieu déterminé, qui ont pris des qualités en rapport avec les besoins, avec les demandes de consommation. Et, dans ce travail qui constitue l'amélioration des races, l'homme ne s'est pas soustrait aux causes naturelles, il n'a pas imaginé d'influences artificielles ; car il ne saurait inventer des forces nouvelles, ni échapper à celles qui existent. Il a, bien au contraire, observé scrupuleusement les lois de la nature, mais il en a choisi et mesuré les effets, en laissant les uns prédominer, en subordonnant les autres, dans les limites posées à la puissance par les lois mêmes de la nature. »

Toutes les modifications qui se produisent chez l'animal, suivant les influences qu'il subit, sont naturelles. Ces influences, Baudement les distingue en deux groupes : celles qui se rapportent à la *nutrition* et celles qui se rattachent à la *reproduction.*

De la formation des races. — Baudement admet qu'il existe trois causes qui peuvent modifier l'organisme et par conséquent former des races : « Les impressions du monde extérieur sur l'économie; les dispositions physiologiques variables selon les périodes de la vie, selon le sexe, selon la constitution, selon tout ce qui caractérise l'état individuel, et les influences de situations, d'actions, d'habitudes. »

Du rôle des aliments. — Si grand que soit le rôle de l'alimentation, qu'on doit, avant tout, donner abondante afin que la machine animale rende tout ce qu'elle peut produire de force, il ne faut cependant pas mettre en oubli les différentes causes qui complètent les résultats de l'alimentation. « La température, dit Baudement, la lumière, l'humidité, etc., ont par elles-mêmes, une influence sur l'activité vitale ; elles l'accélèrent ou la ralentissent, lui impriment telle ou telle direction. Dans les contrées un peu froides, par exemple, la respiration est plus énergique, l'appétit est plus éveillé que dans les contrées chaudes; la machine animale se trouve, par le seul fait des impressions atmosphériques, dans une situation particulière. Cette disposition, combinée avec les tendances actuelles de l'animal et avec les influences qui naissent de la situation qui lui est faite, concourt à constituer un ensemble physiologique dont les besoins et la puissance se trouvent définis. L'aliment intervient alors; la machine l'utilise conformément aux conditions présentes de son fonctionnement, et il devient, à son tour, cause modificatrice en raison de sa nature, de sa qualité, de son volume, de son abondance, de sa constance. »

Du rôle des reproducteurs. — La reproduction étant la seconde des causes qui donnent naissance aux races, Baudement montre comment elle s'opère à l'état de nature et chez les animaux soumis à la domesticité. Il fait voir le travail qui s'opère à certaines époques dans la nature, au moment de la reproduction, et comment les animaux les plus forts s'alliaient entre eux, les premiers. A l'exemple d'un peintre célèbre qui nous a donné le spectacle d'un combat de cerfs, il nous montre les mâles les plus vigoureux sortant vainqueurs de la lutte et trouvant dociles les femelles les mieux préparées à l'accouplement. De ces habitudes, de ces mœurs parmi les animaux sauvages, il faut conclure que les meilleures conditions se trouvent réunies pour procréer les plus fortes races, et que l'homme, lorsqu'il a voulu les perfectionner, n'a rien trouvé de mieux que de suivre les leçons de la nature. Nous voyons donc pratiquée, à l'état sauvage, la sélection la plus rigoureuse. Baudement observe justement qu'il y a loin des mauvais étalons qui courent nos campagnes, offrant leur service à vil prix, aux animaux de la nature.

Des races primitives et des races industrielles. — A l'encontre de quelques auteurs qui classent les races en races naturelles et races artificielles, expressions fausses qui entraînent à des idées fausses, Baudement distingue dans leur histoire deux périodes : l'une qu'il appelle *primitive* et durant laquelle l'insouciance et l'ignorance les abandonnent à la misère; l'autre qu'il qualifie très-heureusement d'*industrielle*, où l'éleveur, tenant compte des circonstances au milieu desquelles il est placé, de la race qu'il veut exploiter, se propose un but défini pour arriver au profit.

Baudement entre ensuite dans des considérations particulières aux races bovines, en général, auxquelles il se préparait à consacrer un ouvrage spécial. Se séparant de ses prédécesseurs et de ses contemporains en ce qui regarde la classification des races, dites généralement races de montagnes, races de plaines et de régions moyennes, il les groupe en raison de leurs aptitudes en trois types distincts. Après avoir montré les caractères communs à tous les animaux de l'espèce bovine, à quelques types qu'ils appartiennent, il spécifie les caractères propres à chacun des trois types qu'il reconnaît : le type des animaux précoces pour la boucherie, le type des animaux de travail et le type des animaux laitiers.

Il apprécie les rapports entre les races laitières et les races précoces, et répond aux objections présentées contre les distinctions organiques entre les trois types des races bovines. Ces appréciations de l'ordre le plus élevé et dans lesquelles nous ne voulons pas entrer puisqu'elles concernent spécialement une de nos espèces agricoles, tandis que nous ne nous occupons dans ces pages que de principes généraux, se terminent ainsi :

« Aux diverses fonctions dites accessoires, et à leurs degrés divers d'énergie, correspondent des différences dans l'activité de l'organisme, par conséquent dans l'activité de la respiration, de la digestion, de la circulation.

« Le poids du corps, la taille, l'âge, le sexe, la dépense en force musculaire et en mouvement, le repos, le sommeil, le régime, la température, la lumière, l'état hygrométrique de l'air, la pression barométrique, les impressions morales, les dispositions acquises, sont autant de causes qui font varier cette activité. Ces influences se combinent pour le travail, pour l'engraissement, pour la production du lait; elles s'harmonisent de manière à former ce que j'appelle les conditions statiques de chacune de ces opérations. Dire qu'un animal accomplit régulièrement ses fonctions de respiration, de digestion, de circulation, ce n'est donc rien dire en réalité, si l'on ne précise les conditions statiques dans lesquelles on entend placer l'animal. Ce qui est normal pour la bête d'engrais ne l'est pas pour la bête de travail ni pour la bête laitière, et réciproquement. D'où vient, en définitive, l'infériorité d'un animal pour l'engraissement, par exemple ? De ce que cet animal fonctionne comme un animal de travail, où il devrait fonctionner comme un animal de boucherie. Le médecin ne constate aucun trouble physiologique dans les fonctions fondamentales, mais le zootechnicien se plaint de ce que le fonctionnement accessoire soit si effacé; il regrette cette dépense à contre-temps qui ne lui donne ni produit ni profit. »

De la perfection en zootechnie. — Après avoir développé la théorie des aptitudes, résultant de certaines habitudes physiologiques, de certaines conditions organiques et d'un genre spécial d'activité des fonctions ; après avoir montré combien sont tranchés, par exemple, les caractères différentiels des trois types, producteurs de travail, d'engraissement précoce et de lait, comment et pourquoi il est impossible de réaliser la plus grande somme de bénéfices et de produits en visant à une triple production chez une même race bovine, Baudement est amené à définir ainsi la perfection en zootechnie.

« La *perfection*, dit-il, est l'ensemble de tous les caractères qui répondent le mieux à une destination de l'animal ; c'est la réunion des qualités qui, à l'exclusion de toutes les autres, rendent l'animal propre à une seule espèce de service ; c'est la spécialisation des races.

« La *spécialisation* des races, c'est-à-dire l'appropriation de chaque race à un genre unique d'emploi, tel est, à mes yeux, le terme qu'il faut montrer aux efforts de la production, comme pouvant seul réaliser, pour chaque aptitude, le maximum de perfection, c'est-à-dire constituer la machine à son maximum de rendement. »

De la spécialisation.— Ce mot, proposé par Baudement, pour désigner l'idéal de la perfection en économie du bétail, est maintenant adopté par la science. Aucun auteur n'avait aussi bien que lui défini l'idée que représente ce mot nouveau si heureusement trouvé. Avant lui, John Sinclair, David Low et Mathieu de Dombasle avaient fait entrevoir les raisons qui s'opposent à la réunion de certaines aptitudes chez un même animal. Tous les trois, et avec eux quelques autres encore, se sont prononcés dans le sens de la spécialisation à peu près telle que Baudement l'a comprise. Mais aucun zootechnicien ne l'avait formulée avec tant de bonheur et avec tant d'autorité.

Le professeur du Conservatoire des arts et métiers, a montré les habitudes de l'élevage parfaitement d'accord avec cette doctrine ; les engraisseurs, les herbagers choisissent de préférence les bœufs tendres et jeunes, les Anglais surtout spécialisent leur bétail d'un bout du royaume à l'autre. Rattachant ensuite la doctrine zootechnique au principe fécond de la *division du travail*, il a cité la race saxonne tenace et persévérante, douée de cet esprit industriel qui est l'une de ses principales forces, s'appliquant à elle-même ces deux principes qui, par le fait, n'en font qu'un.

Enfin, dit-il, « la physiologie explique les faits, en

précise la valeur, et donne aux opérations des producteurs une base scientifique. » Et, suivant le développement des lois de l'organisme, déduisant les effets de l'exercice physiologique sur le *rendement* de la machine animale, passant en revue l'influence du balancement des forces organiques, précisant les conséquences de la division du travail physiologique, Baudement prouve « que les lois générales comme les lois particulières du fonctionnement de la machine sont en pleine concordance, et qu'elles favorisent toutes la *spécialisation* des races par la division du travail vital. »

Puis, ayant démontré un accord parfait entre les principes physiologiques de la spécialisation et les principes économiques de la production animale, il conclut que l'application du principe doit servir de base à tout l'édifice de l'économie du bétail. Et il ajoute : « Voilà pourquoi j'ai employé les mots *spécialisation* et *perfection* comme synonymes en zootechnie.

Mais, par là, Baudement entendait seulement indiquer le but, sachant très-bien qu'il en était de la perfection en économie du bétail comme de la perfection en culture, et que les progrès de l'élevage dépendent surtout du progrès de l'agriculture. Il combat donc également ceux qui, sans tenir compte des milieux, de l'état cultural d'un pays, veulent faire de la spécialisation instantanée quand même, et ceux qui nient le progrès ne veulent point sortir du *statu quo*.

A ce sujet, notre savant maître s'occupe des animaux *à deux fins* qui, au dire de quelques-uns, représenteraient la perfection. Son esprit juste, faisant la part des circonstances, admet, sans difficulté, qu'il y ait des situations où ces animaux sont indispensables, mais tout en observant que ce n'est que transitoirement. Acceptant pour exemples certaines races qu'on donne comme réalisant l'idéal pour certaines localités, il fait très-bien ressortir qu'en fin de compte leur valeur est toute relative, et qu'au point de vue absolu, elles ne représentent que la médiocrité. Et il ajoute, avec cette sagesse qui est l'un des traits caractéristiques de son esprit : « Il ne semble donc pas qu'il y ait un domaine qui, par sa nature, par sa situation économique, par son étendue, doive échapper à la *spécialisation*. Seulement chaque domaine se trouve ou doit se trouver à une période de progrès cultural et zootechnique à laquelle il faut d'abord faire rendre tout ce qu'elle peut donner, avant de faire un pas en avant; puis le principe doit s'appliquer de manière à arriver à la perfection sans arrêt avec tous les ménagements, tous les tempéraments que la sagesse impose, et en accommodant les moyens d'action aux conditions de production. »

Appuyant encore sur la prudence, il impose des limites physiologiques et économiques à la *spécialisation*. Il pose en principe que la première condition d'une bonne spéculation est que l'animal se porte bien; qu'on ne spécialiserait point, par exemple, en poussant la vache à une lactation excessive qui entraînerait à son épuisement et aux affections pulmonaires ; qu'on ne spécialise pas lorsqu'on développe la faculté de l'engraissement jusqu'à la stérilité, qu'on ne spécialise pas en abusant à tel point de cette dernière faculté que la graisse vient remplacer la chair.

Ces points étant établis, il devient facile de comprendre en quoi consiste l'*amélioration* du bétail : c'est, selon Baudement, le progrès obtenu ou à obtenir dans la poursuite du but idéal de la perfection, dans la *spécialisation* des produits telle qu'il l'a définie.

De l'hérédité en général. — « L'influence des reproducteurs sur leurs produits est, dit Baudement, sous l'empire de la grande loi d'hérédité. Mais l'action de cette loi est complexe ; pour bien en apprécier l'économie, il faut en analyser les effets.

« Toutes les fois qu'on a obtenu des hybrides entre deux espèces, les deux types se sont mêlés dans les produits en proportion variable, il en a été de même dans les cas où ces hybrides ont été féconds, et l'une des deux espèces associées a fini, après des oscillations diverses, par l'emporter sur l'autre. Les mêmes résultats ont été constatés pour les métis entre deux races. L'espèce et la race se défendent donc quand on les veut faire sortir de la voie naturelle de leurs alliances ; après une lutte plus ou moins difficile, la victoire reste nécessairement aux plus forts. »

De l'atavisme.— « D'autre part, continue-t-il, quand il se produit quelques variations accidentelles dans l'espèce ou dans la race, on la voit promptement s'effacer, si l'homme n'intervient pas, et c'est ainsi qu'à l'état de nature les types se maintiennent par l'absorption des individus disparates.

« Il y a donc une force propre, une force conservatrice pour chaque type possédant une fixité suffisante ; elle a pour effet la perpétuation des caractères distinctifs des aïeux par les descendants. Elle se manifeste quelquefois sous une forme saisissante, qui est naturellement celle sous laquelle elle a été le plus remarquée. Souvent, dans une même famille, on voit apparaître des individus que leurs caractères, ou seulement un trait saillant de leur organisation, éloignent de leurs parents immédiats, pour les rapprocher de quelqu'un de leurs ancêtres, parfois très-éloigné. C'est le phénomène que des médecins et des naturalistes ont désigné sous le nom d'*atavisme*, que les éleveurs ont souvent considéré comme une dégénérescence que les Allemands qualifient de *coup en arrière*, *pas en arrière* (*ruckschlag*, *ruckschritt*), et auquel on a appliqué aussi la qualification de *loi de retour*.

« En réalité, l'atavisme n'est autre chsoe que le faisceau, grossi à chaque génération, des forces individuelles de chacun des reproducteurs précédents, restés soumis aux mêmes influences; c'est la résultante de toutes les forces parallèles, toujours dirigées vers un même but. L'énergie avec laquelle l'espèce ou la race défend son type contre toute altération, avec laquelle, par conséquent, chaque reproducteur transmet intacts les caractères de ce type, est proportionnelle au volume du faisceau ainsi formé, à la somme des forces parallèles ainsi accumulées, elle peut être égale à la force de plusieurs centaines de siècles. »

De l'hérédité proprement dite. — La définition de l'atavisme. et celle de l'hérédité en général, ne sont pas de celles qu'on puisse tronquer; elles s'imposent avec toute la force d'un esprit tel que celui auquel la science est redevable des principes généraux que nous analysons dans ces pages. Toutes les définitions de Baudement sont d'ailleurs remarquables par la profondeur des vues, par la lucidité du jugement et par la clarté; aussi avons-nous voulu transcrire intégralement celles qu'on vient de lire.

Il reste à dire ce que Baudement entend par l'hérédité proprement dite. Tout reproducteur possède en lui deux forces: l'une qu'il tient de ses ancêtres, l'autre qui lui est personnelle. Cette double action est considérée par Baudement comme correspondant à un double principe. Au premier il donne le nom d'*atavisme;* au second celui d'*hérédité* proprement dite.

Cela dit, on comprend que plus une race est ancienne, plus la force de l'atavisme est grande, plus par conséquent il est difficile d'y porter atteinte. Lorsqu'au contraire, la race est de création récente, l'hérédité des deux reproducteurs agit seule, ce qui explique d'un coup et comment les races se conservent et comment il est difficile de les modifier.

De la consanguinité. — Il existe un procédé d'amélioration, connue en Angleterre sous le nom d'*in and in*, en Allemagne sous le nom d'*Inzucht*, et que nous désignons en France sous ce mot : la *consanguinité*. Ce procédé consiste dans l'alliance des reproducteurs en proche parenté et demande, selon Baudement, à être pratiqué au moment convenable et avec certaines précautions. Le but des éleveurs qui l'emploient est de fixer dans une famille et plus tard dans la race elle-même certaines qualités, observées chez l'un de ses membres. C'est l'hérédité agissant à puissances cumulées.

Quelques savants et bon nombre d'éleveurs sont tombés d'accord pour accuser la consanguinité comme une cause de dégénérescence pour les races. Fort de l'expérience et s'appuyant sur les exemples fournis par la plupart des races anglaises dans toutes les espèces, Baudement repousse donc le reproche de nocuité, inconsidérément fait à la méthode *in and in*. Le vrai, c'est que, ce mode d'alliance ayant pour résultat de concentrer l'hérédité avec une grande énergie, il faut, avant tout, se garder de réunir entre eux des animaux défectueux; car leurs défauts trouvent là toutes les raisons de se développer. Les tendances fâcheuses s'accuseraient dans la même proportion que les qualités. Cela est évident. Il y a quelques années, nous avons longuement parlé nous-même des effets de la consanguinité, dans le sens indiqué ici, et nous prenons la liberté de renvoyer le lecteur à nos *Études sur les animaux domestiques*.

Nous ajouterons seulement ici le conseil donné par Baudement : c'est que l'éleveur ne doit employer le procédé de l'*in and in* que lorsque les reproducteurs lui offrent déjà, bien établis, les caractères qu'il s'agit de perpétuer. C'est donc moins une méthode d'amélioration qu'un moyen de fixation. « Il profite des résultats individuellement acquis, et les groupe rapidement en une puissance résultante ; il constitue une force au bénéfice des générations suivantes; il économise le temps; il abrége le nombre des degrés à franchir entre le point de départ et le point d'arrivée ; il fait de l'*atavisme à bref délai.* »

De l'importance des généalogies. — Baudement fait entrevoir les conséquences pratiques des lois de la reproduction. Il insiste sur ce point qu'on ne doit jamais choisir uniquement un reproducteur pour lui-même, abstraction faite de sa famille, de sa race, en un mot, compter sur l'hérédité sans atavisme. Il n'hésite pas à reconnaître qu'un individu appartenant à une race excellente, mais s'éloignant de la race par quelques différences légères et tout accidentelles devra être préféré, comme reproducteur, à un individu plus irréprochable en lui-même, mais appartenant à une race inférieure. « Dans le premier cas, dit-il, la puissance de l'atavisme corrigera ce que l'hérédité aurait de tout à fait personnel; dans le second cas, l'influence de l'hérédité ne pourra lutter utilement contre l'action prépondérante des ancêtres; c'est-à-dire que jamais l'atavisme ne saurait perdre ses droits. »

Voilà donc comment s'explique le haut prix qu'ont attaché aux généalogies bien établies les peuples qui se sont occupés avec le plus de succès de l'amélioration des races. Telle est l'origine des *stud books* et des *herd books*.

De la sélection et du croisement. — Deux méthodes se disputent la prépondérance dans l'opinion des savants et des praticiens. Notre but étant de faire connaître les idées de Baudement, nous continuerons à les exposer, en montrant respectueusement que nous sommes parfois arrivés à des conclusions différentes des siennes.

Du croisement. — Les naturalistes opposent à l'*hybridité*, c'est-à-dire à l'alliance d'individus qui ne sont pas de la même espèce, le *croisement* ou l'alliance entre deux reproducteurs de races distinctes. Ils lui donnent aussi le nom de *métissage;* de là les *métis* ou animaux croisés, provenant d'un mélange entre deux races.

Baudement admet deux sortes de *croisement :* le croisement ou *métissage suivi* et le croisement ou *métissage diffus.*

Dans le premier, « on rapproche progressivement une race d'un type pur, défini, existant en une race distincte. » Dans le second, « on éloigne plus ou moins un produit de chacun des deux types formateurs, de manière à façonner un type participant à la fois des deux, mais ne ressemblant complétement ni à l'un ni à l'autre.

« Dans le *croisement suivi,* on efface l'une des deux races pour laisser apparaître l'autre dans toute sa pureté. Dans le *croisement diffus,* on amoindrit deux individus, sans détruire ni l'un ni l'autre, pour en tirer un produit mixte. »

La première de ces deux opérations n'est donc que l'absorption d'une race dans une autre. Comme nous l'avons déjà fait remarquer précédemment, la puissance de la race croisante sera d'autant plus grande que son atavisme sera plus ancien; puis comme on n'emploie que les mâles de la race qui doit dominer finalement, on arrive forcément, par l'affaiblissement de cette dernière à chaque génération, à l'absorption complète de la race croisée.

Quant au *croisement* ou *métissage diffus,* c'est à peine si nous admettons avec Baudement que l'opération soit difficile et chanceuse ; mais nous nions qu'un résultat satisfaisant soit irréalisable. Avant de donner nos raisons, c'est-à-dire avant d'énoncer les faits sur lesquels nous nous appuyons, citons textuellement notre adversaire en cette circonstance :

« Après bien des oscillations, admettons qu'on soit arrivé au dosage exact qu'on a si péniblement cherché ; il s'agit de fixer le résultat acquis. Les difficultés grandissent et atteignent décidément les proportions d'impossibilité. D'abord, il faut trouver le pareil, l'égal en tout de ce métis, son *alter ego* dans un autre sexe, et l'on retombe bientôt dans toutes les vicissitudes, toutes les perplexités premières. A-t-on mis enfin la main sur le couple précieux, il faut en tirer souche, et c'est alors qu'on demande à ces reproducteurs de donner ce qu'ils n'ont pas, ce qu'ils ne peuvent avoir ; car ils n'ont pas d'atavisme ; ils n'appartiennent pas à une race définie ; ils ne sont rien qu'un mélange accidentel de germes jetés, pour ainsi dire, en dehors de leur cercle mutuel d'attraction, cherchant leur milieu, leur loi, leur harmonie et la cherchant longtemps. La trouvent-ils enfin ? L'application des principes sur lesquels je me suis appuyé tant de fois répond négativement. Le produit intermédiaire oscille de l'une à l'autre des races composantes, et celle des deux races qui possède l'atavisme le plus puissant finit par l'emporter sur l'autre ; souvent même il ne reste, comme résultat final, qu'une population de métis plus ou moins disparates et décousus, sans nulle force de transmission héréditaire. »

Nous ne croyons pas manquer au respect que nous professons pour la mémoire de Baudement et pour son œuvre, dont nous sommes l'éditeur, en donnant les raisons qui nous obligent à nous séparer de lui sur cette question. Les exemples ne manquent point, en effet, pour démontrer la possibilité d'arriver par le *croisement* ou le *métissage diffus* à la formation des races. A l'appui de la doctrine que nous soutenons en compagnie de MM. Magne, Huzard, Gayot et R. de la Tréhonnais, dernièrement M. Moll citait à la Société impériale et centrale d'agriculture de France, les cinquante-neuf millions de mérinos disséminés sur toute la surface de l'Allemagne et jusqu'en Russie, qui sont tous plus fins que ne l'étaient les premiers types améliorateurs, et qui doivent leur existence au croisement. On peut en dire autant des métis mérinos français, des moutons de la Charmoise, créés par Malingié, de ceux de Trappes, de ceux de Mauchamp, métis eux aussi que la méthode *in and in* a doués d'une toison soyeuse qui leur est toute particulière. A l'étranger, les exemples ne manquent pas. En Russie, nous trouvons les chevaux trotteurs de la race Orloff, qui provient d'un croisement entre l'étalon de pur sang arabe et la jument hollandaise dite hardrawer, race dont nous avons fait connaître le premier, peut-être, l'origine mélangée. En Angleterre, les métis, aujourd'hui parfaitement fixés, se rencontrent à chaque pas dans les espèces chevaline, porcine et canine.

Baudement dit positivement qu'il ne connaît qu'une seule race formée par croisement *suivi*, la race anglaise de chevaux de course, et pas une seule obtenue par croisement *diffus*. Il se range donc à l'opinion de ceux qui prétendent que la race dite de pur sang doit son origine au croisement. Nous avançons que, jusqu'à preuve positive du contraire, nous croyons à la pureté de la race. Nous voyons, en effet, des importations de juments orientales en Angleterre, et tout nous porte à penser qu'elles sont la source avec les Goddolphin-Arabian, les Darley-Arabian et bien d'autres étalons fameux, de la race de pur sang, modifiée par le climat et le régime.

Baudement repousse donc les métis mérinos français comme « race homogène ». Nous concédons volontiers que les métis de la Beauce diffèrent quelque peu des métis champenois ; mais nous ne voyons là, pour notre part, que le résultat d'un croisement plus ou moins suivi et d'un autre régime. D'ailleurs les différences qui s'accusent dans ces divers groupes ne portent guère que sur la toison. Baudement se charge de nous en donner lui-même la raison, lorsqu'il dit :

« De tous les systèmes organiques, l'appareil cutané avec ses dépendances est le lieu sur lequel les impressions de toutes sortes s'exercent avec le moins de difficulté et le plus de puissance. Bien qu'il n'échappe pas plus que les autres à la force de l'atavisme, c'est celui qui reste davantage sous l'influence modificatrice propre des reproducteurs, sous l'action immédiate de l'hérédité ; c'est celui qui demeure, pour ainsi dire, le plus individuel. Moins profond, plus indépendant dans l'organisation, il est au fond comme dans la forme plus extérieure de la machine, plus disposé à se laisser modifier. Aussi est-ce sur cet appareil que le croisement *diffus* a le plus de prise, et dans les caractères de la robe, des poils, de la laine, que se mêlent le mieux les qualités particulières des reproducteurs. De cette aptitude spéciale des appendices cutanés, il résulte que l'on peut obtenir, dès la première génération, et alors surtout, des moutons métis dont la laine participe assez exactement pour moitié des propriétés qui distinguent chacune des deux races accouplées. Ces premiers métis peuvent même transmettre les caractères moyens de leur toison. »

Aujourd'hui l'on peut affirmer que cette puissance de transmission ne s'est nullement et sur aucun point altérée. Les groupes nombreux qui se sont formés, dans toute l'Europe, se composent d'un nombre immense d'individus formant race, c'est-à-dire se perpétuant, avec des caractères de fixité telle, qu'on les reconnaît, au premier abord, sans qu'il soit possible de les confondre avec les races qui leur ont donné naissance.

De la sélection.— Ce mot est généralement employé pour désigner le système de l'amélioration des races par elles-mêmes. Nous dirons qu'il a été malencontreusement accepté, puisque, d'une part, il n'implique que le sens d'un choix dont ne s'affranchit aucune méthode d'amélioration, et d'autre part parce qu'il semble indiquer qu'une bonne sélection suffit, pour atteindre le but, sans qu'il soit nécessaire de tenir compte des influences de toutes sortes au milieu desquelles on l'exerce.

Le premier obstacle à vaincre, c'est l'atavisme. Il appartient donc à l'éleveur de choisir comme reproducteurs les animaux les moins entachés d'imperfections. Mais la résistance de l'atavisme n'est que partielle, dit Baudement, car «comme les moyens modificateurs employés n'introduisent dans la race aucun élément inconnu, aucun de ces germes latents dont on puisse redouter l'apparition subite et perturbatrice, les progrès accomplis sont réels, profonds, bien et définitivement acquis. » Cette raison a-t-elle une grande force? Nous sommes obligé de dire qu'elle nous paraît insuffisante.

Baudement reproche aux partisans du *croisement* d'opposer ce moyen d'améliorer les races à la *sélection*. Il ne voudrait pas qu'on comparât deux choses qui diffèrent absolument l'une de l'autre et par leur nature et par les résultats qu'elles donnent. Mais, dit-il, puisqu'on va jusqu'à établir la supériorité du croisement, examinons les considérations mises en avant.

Il admet tout d'abord que la sélection agit avec lenteur, bien que le temps soit en rapport avec la distance à parcourir pour atteindre le but. Mais le croisement *suivi*, à supposer, dit-il, qu'il soit efficace, ne se ferait pas attendre moins longtemps, et quant au croisement *diffus*, « il prolongerait la tentative indéfiniment. » Puis il ajoute : « Ce qui fait naître généralement la confiance dans le croisement, c'est une surprise des yeux. »

Baudement aurait pu reconnaître qu'il y avait là autre chose qu'une illusion, puisque le bénéfice accompagnait chaque pas fait en avant dans la voie du croisement. Et sans refuser tout bénéfice à l'améliorateur agissant par le régime, par la sélection, il faut admettre que les deux méthodes se présentent dans leurs résultats avec des chiffres bien différents. Personne, d'ailleurs, n'a soutenu, n'a prétendu que les deux avantages pécuniaires puissent entrer en comparaison. Nos adversaires le reconnaissent en admettant, avec Baudement, que le croisement diffus donnait de bons produits individuels, et que ces produits obtiennent, sur le marché, une faveur tout exceptionnelle.

Revenant sur son affirmation, Baudement fait voir que la certitude qu'on a d'arriver au succès compense bien les quelques inconvénients que présente la lenteur inhérente à la méthode de sélection, car, dit-il, « par des voies différentes, toutes les formes de croisement détruisent les races auxquelles on les applique, et les détruisent sans retour ; la sélection seule les améliore. »

Voilà, certes, une conclusion nettement formulée, et il faut admettre qu'absolument parlant, notre illustre maître a raison. Il est vrai que le croisement *suivi* a pour but et pour résultat d'absorber complétement la race croisée. Dans ce cas, on peut donc dire qu'elle est détruite. Il est vrai aussi que le croisement *diffus*, que le métissage entre animaux de deux races différentes les détruit. Mais, dans ce dernier cas, cette destruction n'est point complète, et les produits intermédiaires qu'on obtient participent encore des caractères des deux races alliées entre elles.

Baudement repousse le reproche fait à la sélection d'être plus coûteuse. Il est inutile de reproduire les arguments qui montrent que toute amélioration demande un capital, et que les progrès zootechniques sont liés aux progrès de l'agriculture. Toutefois, en omettant les bénéfices que l'agriculture a retirés du croisement, en oubliant que certains départements ont été complétement transformés et enrichis à la suite de cette pratique, Baudement n'a pas tenu la balance égale entre les deux méthodes, au point de vue des bénéfices. C'est là un côté de la question qu'il a négligé, par exception, se contentant de faire allusion aux avantages faits dans les concours aux animaux issus du croisement. Cette omission, nous devions la faire remarquer pour faire voir où se trouvait le gros bénéfice, pendant l'opération.

Baudement combat victorieusement l'opinion de ceux qui pensent que l'amélioration par la sélection s'arrête à un niveau déterminé fatalement pour chaque localité. « Les forces qui imposent cette limite formeraient, dit-il, un faisceau puissant qu'on a baptisé du nom d'*indigénat*.

« Il faut remarquer d'abord qu'on est porté à exagérer régulièrement l'influence du milieu dans la constitution des races ; je suis bien loin de méconnaître l'action de toutes les circonstances extérieures sur l'économie ; elles interviennent très-puissamment dans les phénomènes de nutrition ; mais elles ne sont pas les seules causes qui déterminent et règlent le mode d'activité des animaux, elles ne forment qu'une partie de l'ensemble des influences propres à chaque nature de fonctionnement, et que j'ai réunies sous le nom de conditions statiques.

« Or, ces indigénats, qu'on prétend opposer comme un obstacle invincible aux progrès de la sélection, n'est pas plus immuable que ne sont invariables les autres conditions statiques. Ce n'est pas une puissance abstraite, c'est une puissance qui se définit, se mesure, se change, et aux effets de laquelle on peut aisément se soustraire.....

« Ainsi, il s'en faut bien que l'indigénat oppose une

résistance invincible, soit à l'introduction d'une race étrangère, soit à l'amélioration d'une race locale par elle-même, en un mot, aux modifications que doivent subir toutes les conditions statiques en vue d'un élevage nouveau. La race ovine South-Down ne s'est-elle pas formée par sélection dans un milieu naturellement peu favorable, à mesure que le milieu s'est amendé? N'en a-t-il pas été de mêmepour la race bovine d'Angus, dans une des rudes parties de l'Écosse, où l'agriculture a cependant réalisé tous les perfectionnements? »

Baudement montre également que la sélection peut communiquer la *précocité*, développer l'aptitude à l'engraissement et l'aptitude laitière. C'est naturellement en choisissant dans la race les animaux les mieux doués sous ces différents rapports qu'on parvient à leur inculquer les qualités qui manquent à la masse. »

Nous croyons aussi avec Baudement que la sélection peut changer la couleur des races et que c'est même ainsi qu'ont été obtenues les variétés de robes qu'on observe dans certaines races bovines, telles que les races à ceinture d'Appenzell et de Hollande. Mais la chose n'a aucune importance au point de vue agricole.

La sélection serait-elle incapable de changer les formes des races, comme on l'a prétendu? C'est là une question très-grave à laquelle Baudement répond : « Une pareille objection tombe devant ce seul fait, que les races supérieures doivent leur naissance aux procédés de l'amélioration sélective. Mais les lois physiologiques ajoutent encore leur autorité à celle de l'expérience pour établir la même conclusion. »

« Il explique que la conformation spéciale à tel ou tel type n'est pas une réunion de caractères combinés par un simple hasard et répondant par bonheur aux exigences des services que nous demandons aux animaux, qu'elle est la résultante d'un ensemble de forces agissant sur la machine animale et concourant toutes à un même but. Pour obtenir cette unité d'action, il suffit de placer l'animal sous l'influence de conditions statiques appropriées, et bientôt l'organisation reflète par ses formes la modification qu'elle reçoit dans leur fonctionnement. La sélection est éminemment propre à amener cette solution, et elle y est seule propre ; car le croisement, s'il est *diffus*, est incapable de rien fixer ; s'il est *suivi*, il substitue simplement une race à une autre. »

Baudement, à l'appui de sa doctrine, cherche des faits dans l'espèce humaine. Il y rencontre des peuples, tels que les Germains, les Scandinaves, les Slaves, les Celtes et d'autres, qui ont conservé leurs caractères physiques et même moraux, malgré les invasions du moyen âge, pendant lesquelles les mélanges de race se sont souvent produits. Soit ; mais dans quelles conditions ces bâtardises se sont-elles produites ? Y a-t-il eu autre chose que des mélanges fortuits et sans continuité dans les familles ? Non. La nation juive, par exemple, répandue dans tout l'Orient et dans la vieille Europe, ne s'est-elle pas gardée de toute alliance avec les autres peuples ? Aujourd'hui encore les mariages ne se font-ils pas très-rarement entre israélites et chrétiens ? Comment alors s'étonner de la persistance d'un type remontant si loin dans l'histoire du monde? Le passé n'offre donc pas, selon nous, de preuves suffisantes pour nier la puissance du croisement dans l'espèce humaine. Mais l'avenir nous réserve d'intéressants sujets d'études, au Nouveau-Monde, où les migrations allemandes et irlandaises principalement s'accomplissent dans des proportions qui permettront, peut-être, d'en tirer une conclusion sur la question qui nous occupe.

Abandonnant, pour un instant, le point de vue absolu, le maître reconnaît qu'il est des races chez lesquelles les éléments d'améliorations sont nuls, des pays où les progrès dans la culture sont si rapides qu'il n'y a pas lieu de s'en tenir à la sélection pour conserver purs des animaux inférieurs et très-productifs. Il admet, dans ce cas, qu'on ait recours aux croisements *suivis*, en posant, pour condition de succès, l'emploi surtout des mâles de la race croisante, jusqu'à complète absorption de la race croisée.

Enfin, il insiste sur la possibilité et sur les avantages qu'il y a dans certaines contrées à se servir du croisement ou du métissage pour obtenir des produits immédiatement utilisables avec profit pour l'engraissement. « Les lois seraient ainsi respectées, dit-il, les besoins les plus directs et les plus pressés seraient satisfaits, sans que les ressources de l'avenir fussent engagées ou compromises. Ainsi pourraient trouver à vivre, juxtaposées, des industries qui s'aideraient et se compléteraient l'une l'autre. Ainsi la pratique pourrait fonctionner sur le terrain suivant les principes qui découlent des faits. »

Nous espérons que, d'après l'analyse que nous venons de faire des principes généraux de la zootechnie exposée par Baudement, les citations que nous avons données aidant, on pourra se faire une juste idée de ses vues sur l'organisation de la production animale en France. Les considérations sur lesquelles l'éminent professeur s'est appuyé dans son Introduction à l'*Histoire des races bovines de l'Europe*, montrent de quel esprit élevé il était animé, quelle science profonde il avait acquise, de quel talent d'exposition il était doué, de quelles hauteurs sa belle intelligence planait au-dessus des mesquines et jalouses envies que son âme simple et droite eût dédaigné même d'entrevoir.

Notre admiration pour les travaux de Baudement, notre sympathie pour sa personne, sa bienveillante amitié pour nous, bienveillance qu'une femme d'élite devait nous garder, en souvenir de celui qu'elle pleure, tous ces titres nous ont permis de recueillir un héritage précieux, les dernières pensées de celui auquel nous restons attaché par delà la mort.

GUY DE CHARNACÉ.

PRINCIPES
DE ZOOTECHNIE

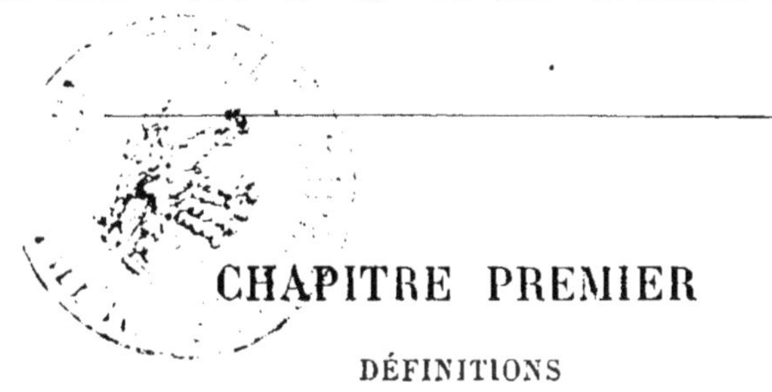

CHAPITRE PREMIER

DÉFINITIONS

En étudiant les animaux au point de vue de leur utilité, nous sommes amenés tout d'abord à diviser le règne animal en deux grandes classes : animaux utiles, animaux nuisibles, laissant de côté tous ceux qui n'ont qu'un intérêt scientifique.

Je diviserai encore les animaux utiles en deux grandes séries : ceux qui sont indispensables à l'agriculture et dont elle ne saurait se passer, c'est-à-dire le bétail; et les animaux qui, bien qu'ayant une grande utilité, ne sont élevés que dans certains pays et qui ne sont pas une nécessité pour l'agriculture, tels sont les vers à soie, la cochenille, etc. Les animaux nuisibles pour l'agriculture sont ceux qui attaquent, soit les animaux utiles, soit les produits animaux ou végétaux, bruts ou manufacturés.

Les animaux utiles seront étudiés sous deux points de vue : d'abord en eux-mêmes, ensuite pour les produits auxquels ils donnent naissance. C'est cette première partie qui va nous occuper; c'est elle qui a reçu le nom de zootechnie. La zootechnie sera donc l'étude de l'exploitation des animaux domestiques par l'industrie agricole.

Les animaux domestiques sont ceux qui subissent le pouvoir de l'homme, non pas individuellement, mais de génération en génération. Les chevaux, les bœufs sont des animaux domestiques; un animal apprivoisé est bien différent, c'est un effort de l'homme qui a soumis à son pouvoir un individu, non pas une race ; l'individu mort, il faut recommencer.

Les animaux domestiques se divisent en plusieurs espèces :

1° L'espèce chevaline, qui comprend le cheval, l'âne et le mulet ;

2° L'espèce bovine, connue aussi sous le nom de bêtes à cornes ou gros bétail ;

3° L'espèce ovine, qu'on appelle parfois bêtes à laine ou menu bétail ;

4° L'espèce caprine;

5° L'espèce porcine.

Dans d'autres pays, les espèces domestiques sont différentes des nôtres ; par la suite, il deviendra donc intéressant d'étudier s'il pourrait y avoir avantage à domestiquer des espèces étrangères habitant des régions analogues à notre France.

Au point de vue agricole, les animaux sont utiles pour deux raisons : ils produisent de l'engrais et de la force.

Sans vouloir entrer dans des détails qui appartiennent à l'agriculture proprement dite, il faut rappeler en peu de mots l'utilité des engrais. On sait que les plantes se nourrissent de deux façons : elles empruntent une partie des matières qu'elles s'assimilent à l'air atmosphérique, l'autre partie au sol. Le sol doit donc contenir les matières que la plante a besoin de rencontrer pour arriver à son développement ; chaque récolte enlevant une certaine quantité de ces principes, il faut, sous peine d'épuiser le sol par sa fertilité même, lui rendre une partie de ce qu'on lui enlève.

Les engrais sont destinés à cet usage ; ils renferment en effet tous les principes que la plante a puisés dans le sol, et qu'on lui restitue, pour que d'autres végétaux puissent se les assimiler de nouveau.

A de rares exceptions près, ces engrais sont demandés au bétail ; quelquefois, cependant, dans le voisinage d'une grande ville, on peut avoir avantage à se servir de l'engrais humain ; dans d'autres localités, les engrais commerciaux, tels que le guano et autres, peuvent être d'un bon usage ; enfin il existe quelques pays privilégiés où l'on peut cultiver pendant de longues années sans rien rendre au sol ; il est assez riche pour fournir sans rien recevoir. Ces exceptions mêmes montrent que généralement l'engrais est nécessaire, ou plutôt qu'il est nécessaire de rendre au sol ce que la récolte lui a enlevé ; le problème alors est celui-ci : est-il plus avantageux de rendre directement au sol une partie de la récolte, d'enfouir en vert, comme on fait quelquefois, ou vaut-il mieux, au contraire, faire passer les fourrages par la machine animale? La réponse n'est pas douteuse. Oui, il y a avantage à élever des animaux, à faire passer les fourrages par la machine animale, car cette machine vous donne d'abord l'engrais que vous recherchez, et de plus vous obtenez des produits d'une valeur supérieure aux fourrages employés. Non, le bétail n'est pas, comme on l'a dit en Angleterre, un mal nécessaire ; le bétail est nécessaire, et ce n'est pas un mal ; car, pour le fourrage que vous lui donnez, il vous rend lait, viande, laine, force et de jeunes animaux, produits dont la valeur vénale est supérieure à celle de votre fourrage.

Notre point de vue étant essentiellement pratique, nous voulons que le cultivateur s'enrichisse ; l'agriculture, comme toute industrie, doit gagner de l'argent, mais il faut diriger avec intelligence ce désir d'un gain légitime. Est-il vrai, par exemple, qu'il faille transformer les fourrages en argent avec le plus grand bénéfice possible ? Non, ce désir de gagner trop pourrait conduire, non-seulement à la ruine du cultivateur, mais encore à celle du pays. S'il faut transformer le fourrage en argent avec le plus grand bénéfice possible, il faudra vendre une partie du foin, en n'en laissant qu'une minime partie pour les bestiaux, et vendre aussi le fumier produit par ces bestiaux. En agissant ainsi, vous aurez de l'argent, c'est vrai ; mais vos bestiaux mal nourris s'amoindriront et ne donneront que des individus pauvres, produisant des races abâtardies. De plus, ayant vendu vos fumiers, votre sol sans engrais ne vous donnera, l'année suivante, qu'une quantité moins considérable de fourrages ; vous serez donc encore obligé de réduire la portion de votre bétail, et ainsi de suite.

On le voit, pour vouloir trop gagner, on peut tout perdre. Mais suivons une marche contraire ; efforçons-nous de gagner sans appauvrir les races et sans épuiser le sol. Vous ne vendez ni fumier ni fourrages, vos bêtes bien nourries s'améliorent et engendrent de beaux produits ; la nourriture abondante vous donne plus d'engrais ; votre sol bien cultivé vous fournissant des fourrages en quantité plus considérable, vous pouvez élever un plus grand nombre d'animaux ; et c'est ainsi que tout prospère, les races et le sol. La richesse engendre la richesse !

En résumé, le but vers lequel nous devons tendre, je le formulerai ainsi : obtenir la plus grande somme de produits organiques possibles dans les conditions économiques où l'on se trouve, et dans un temps donné.

L'élève des bestiaux peut être dirigé sous différents points de vue, suivant les circonstances dans lesquelles on se trouve. En général, on n'élève pas les bestiaux pour la force qu'ils développent ; cette force s'emploie comme produit secondaire. Dans les pays où la culture est très-avancée, où la population est très-dense, comme dans les Flandres, on n'élève les bestiaux que pour l'engrais ; c'est vers ce but que se tournent tous les efforts. Dans le duché de Bade, l'engrais est aussi la chose la plus importante. Dans les pays où la population est rare, où les bras manquent à la culture, en Algérie, en Asie Mineure, on élève les bestiaux pour eux-mêmes, l'engrais est alors abandonné. En Normandie, l'élève des bestiaux se fait aussi en vue du bétail lui-même, à cause de la qualité supérieure des produits qu'on obtient. Enfin, en Suisse, le relief du terrain empêche souvent la culture et ne permet d'établir que des pâturages.

Soit que l'on recherche le bétail pour ses produits, soit que lui-même soit l'objet des travaux, je le répète, il faut obtenir la plus grande somme possible de produits organiques, viande, laine, lait, engrais, etc., dans les conditions économiques où l'on se trouve, et dans un temps donné.

On comprend facilement qu'un mécanicien qui connaît bien toutes les parties des machines qu'il emploie, qui sait l'usage de telle ou telle pièce, les conditions dans lesquelles sa machine produira le plus de force, avec le moins de dépense possible, on comprend, dis-je, que ce mécanicien ait de plus grandes chances de succès que celui qui ignore la marche des instruments dont il fait usage. Il en est de même pour nous, nous avons besoin de connaître l'organisation de la machine animale. L'anatomie et la physiologie sont la base des études que nous devons faire; et nous sommes obligés d'emprunter à ces sciences la description des organes et l'histoire des causes qui les mettent en mouvement. En effet, qu'est-ce qu'un animal? Un animal est un être qui se nourrit, se meut seul et se reproduit.

L'art de bien nourrir un animal, c'est toute la zootechnie. Pour bien faire comprendre l'importance de cette question, entrons dans quelques détails.

Analysons comparativement, par des procédés chimiques, l'herbe qui nourrit l'animal, et une partie de l'animal lui-même, la viande.

Si nous plaçons un certain poids d'herbe dans une étuve chauffée à 110°, et que nous pesions cette herbe après cette opération, elle aura perdu une certaine quantité d'eau que nous aurions pu recueillir.

Faisons subir la même opération au morceau de viande ; même résultat, perte d'une certaine quantité d'eau par la dessiccation à 110°.

Calcinons notre herbe dans un creuset, nous trouverons un résidu minéral, des cendres se composant presque exclusivement de silice, de carbonates alcalins, de terres, de phosphates alcalins et terreux, et peut-être de quelques chlorures.

La viande incinérée donnera aussi des cendres présentant la même composition.

Traitons notre herbe par l'éther, cette substance enlèvera une certaine quantité de matières grasses.

Il agira de la même manière sur la viande.

Nous trouverons dans la plante un certain principe azoté, le gluten, l'albumine, suivant l'espèce que nous analyserons.

Dans la viande, nous trouvons la fibrine, matière azotée également, qui constitue la partie la plus importante de la viande.

Enfin, lavons l'herbe à l'eau bouillante à plusieurs reprises, nous pourrons encore enlever certains principes amylacés, fécule, gomme, sucre, etc.

La viande soumise à la même opération ne cédera à l'eau aucune substance analogue.

En effet, si la plante, dans sa respiration, absorbe l'acide carbonique de l'air, s'assimile le carbone en rejetant l'oxygène ; l'animal au contraire, en respirant, absorbe l'oxygène, et au contact de ce gaz brûle le charbon que renferme son sang; ce charbon, nous venons de voir qu'il l'a pris aux substances amylacées et gommeuses, que nous ne retrouvons plus dans la viande.

Pour former ses os, il aura besoin de substances minérales, de phosphate et de carbonate de chaux qu'il trouve dans la plante ; pour produire sa graisse, il s'assimilera la graisse du fourrage; enfin, les substances azotées, il les prendra encore dans son alimentation.

Tous les principes de l'herbe se retrouvant dans l'animal, pour être bien nourri, celui-ci a donc besoin de tous ces principes. Que sera-ce alors que bien nourrir un animal? Ce sera lui donner en quantité suffisante tous les principes dont il a besoin. Le mal nourrir sera, au contraire, lui refuser une partie de ces principes.

Laissons un animal avec une ration trop faible, que va-t-il arriver? Sa première condition d'existence est la respiration; si vous ne lui fournissez pas assez de matières amylacées, assez de charbon, il brûlera sa graisse riche aussi en carbone, l'animal maigrira; continuez le même régime, il brûlera ses principes azotés, ses muscles, il deviendra plus faible. Si donc on veut engraisser un animal, il faut lui donner suffisamment de fourrage pour qu'il trouve le combustible nécessaire à la respiration, et de plus de la graisse à s'assimiler, car ce n'est pas assez qu'il ne consomme pas la sienne, il faut qu'il en acquière de nouvelle. Si on veut le rendre vigoureux, il faudra augmenter la proportion des principes azotés, et l'alimentation devra ainsi être variée et combinée suivant les résultats auxquels on veut arriver.

Non-seulement il faut bien nourrir un animal, mais il faut de plus le bien nourrir constamment : ayez une machine, laissez-la en repos pendant six mois; au bout de ce temps essayez de la mettre en mouvement, tout craque, tout crie, rien ne va, il faut du temps pour la graisser et pour la remettre en bon état.

La comparaison est vraie pour l'animal : vous n'en avez pas besoin pendant l'hiver, vous le nourrissez mal;

croyez-vous que, si vous le remettez à un bon régime au printemps, il sera fort et disposé à travailler ? Plus qu'à la machine il lui faudra du temps pour retrouver son élasticité et sa force perdue.

Il y a un proverbe qui, au premier abord, est si évident, qu'il paraît naïf, et que cependant il faut répéter ; car beaucoup de gens l'ignorent, puisqu'ils ne le mettent pas en pratique. L'animal vit de ce qu'il mange, une machine ne marche qu'avec du combustible, un animal ne vit qu'avec de la nourriture. Donnez moins de charbon, vous aurez moins de feu ; donnez moins de fourrage, vous aurez moins de produits organiques.

Un exemple fera sentir ce que je veux dire. Un métayer entre dans une exploitation, il y trouve 30 bêtes à cornes cotées 200 fr. chacune ; au bout de six mois d'exploitation, il vient à mourir, il a des enfants, on fait un inventaire. Il avait pour 750 fr. de fourrages, ce qui faisait 3 kilogrammes à donner par jour et par tête, quantité bien insuffisante, puisqu'un bœuf doit consommer au moins 10 kilogrammes par jour ; notre métayer avait de plus un peu de paille consommée également, et que nous pouvons estimer à 200 fr. ; enfin, l'intérêt des 6,000 fr., prix des bestiaux, pendant six mois à 5 p. 100, 150 fr. Les bêtes mal nourries ont perdu de leur valeur ; elles ne sont plus estimées qu'à 1,500 fr., faisons l'addition des frais :

Perte	1,500 fr.
Fourrage	750
Intérêt	150
Paille	200
TOTAL	2,600 fr.

Le produit est 45 charretées de fumier ; en divisant, nous trouvons que la charretée est revenue à 58 fr., prix énorme. Pourquoi cette perte si considérable? C'est que l'exploitant ne s'est pas souvenu de notre proverbe, « l'animal vit de ce qu'il mange. » S'il eût réduit ses bêtes à 10, il aurait pu d'abord vendre ses bestiaux sans perte ; ceux qui restaient, bien nourris, auraient acquis une valeur plus grande, son fumier enfin aurait été meilleur et en plus grande quantité, car il n'eût pas été obligé de nourrir ses animaux avec de la paille, et il aurait pu employer cette dernière en litières.

CHAPITRE II

DE L'ALIMENTATION

Dans ce chapitre nous allons nous occuper des principes généraux de l'alimentation.

Comme nous l'avons vu, il y a dans les aliments trois ordres de substances :

1° Les substances azotées ;

2° Les substances grasses ;

3° Les substances carbonées.

1° Les matières azotées existent dans tous les végétaux, sous des noms différents, mais dans des combinaisons à peu près semblables. Ce sont : l'albumine, le gluten, la légumine, etc., qui, dans l'animal, concourent à la formation de la viande, de la fibrine.

2° Les matières grasses, très-abondantes dans tous les végétaux, ne diffèrent de la graisse des animaux que par une petite différence en moins d'oxygène.

3° Enfin, les matières carbonées comprennent les substances amylacées, amidon, fécule, dextrine, sucre, gomme, qui toutes présentent aussi une composition analogue.

Quel est, dans l'alimentation des animaux, le but de ces différentes matières, voilà le problème que nous allons chercher à résoudre. Chacune de ces substances joue deux rôles dans l'alimentation, elles ont une importance physiologique et une importance économique ; nous les étudierons successivement sous ces deux points de vue.

Qu'est-ce que la vie? On la définit avec raison une destruction et une réparation continuelles ; la destruction porte sur toutes les parties de l'économie, il faudra donc que les aliments viennent réparer ces pertes de chaque jour. Les matières azotées servent à rendre aux muscles les éléments nécessaires pour reconstituer les parties détruites, éliminées en grande partie par les urines. La graisse peut s'accumuler dans les tissus et peut aussi, dans certains cas, servir à la respiration ; enfin, les matières carbonées servent exclusivement à être brûlées par l'oxygène de l'air dans l'acte de la respiration.

On comprend qu'il y ait pour l'éleveur un grand intérêt à savoir comment se forment et comment se détruisent les deux parties de l'animal qui lui donnent toute sa valeur, les muscles et la graisse.

Des expériences ont été faites sur la mort des animaux par défaut de nourriture, par inanition, et on a pu étudier les différentes phases de la destruction de l'animal ; nous allons décrire ces expériences très-précieuses et nous verrons quelles conclusions nous en pourrons tirer.

Un animal, privé longtemps d'aliments, succombe en général quand il a perdu les $\frac{4}{10}$ de son poids ; différentes circonstances modifient la quantité que peut perdre l'animal, la jeunesse et l'obésité sont les deux principales. Les jeunes animaux ne peuvent perdre au delà de $\frac{2}{10}$, tandis que, au contraire, les animaux très-gras, *fin gras*, telle est l'expression technique, ne meurent que lorsqu'ils ont perdu $\frac{5}{10}$ ou la moitié de leur poids.

La perte des animaux ne s'arrête jamais, mais la marche n'est pas constamment la même ; au commencement et à la fin de l'expérience, les pertes sont *maxima*.

Dans la mort par inanition, tous les organes ne perdent pas également, deux d'entre eux persistent au milieu de l'épuisement général : le système nerveux et le système osseux. L'appareil de la respiration est, après ceux-ci, celui qui résiste le mieux; toutes les autres parties de l'animal se détruisent d'une façon sensible, la graisse disparaît d'abord tout entière, il n'en reste plus un atome dans le corps de l'animal, lorsque la mort arrive; puis ce sont le sang, le cœur, la tunique de l'intestin, et enfin les muscles de la locomotion qui se détruisent successivement.

Tel est l'ordre de destruction de la machine animale, quand on l'a privée absolument d'aliments ; voyons maintenant comment elle se conduira, lorsqu'on lui donnera la quantité strictement suffisante d'aliments pour empêcher la mort, c'est-à-dire ce qu'on appelle la ration d'entretien.

Toutes les fois qu'une machine marche sans produire, elle dépense, elle fait perdre ; prenez une locomotive, chauffez l'eau qui s'y trouve, de façon à la faire bouillir, mais ne mettez pas assez de charbon pour donner à la vapeur la force élastique nécessaire pour mettre le convoi en mouvement, vous perdez votre charbon. Il en est de même de la ration d'entretien, l'animal vit, mais ne produit pas; donc, au lieu de rapporter, il dépense.

Je reviens à l'exemple que j'ai cité plus haut. Vous l'avez vu, notre métayer a voulu donner la ration d'entretien à ses animaux, il a perdu ; ceci est un fait prouvé par des chiffres et qui se trouve d'accord avec ce que nous indique la théorie.

Je le répète encore, bien nourrir coûte cher, mal nourrir coûte plus cher encore ; la ration d'entretien est un non-sens, c'est le travail d'une machine usée par les frottements sans produire d'effet utile. Il faut non-seulement que le cultivateur nourrisse de manière à empêcher la mort, mais encore qu'il nourrisse de manière à faire produire.

On divisait généralement les animaux en animaux de travail et animaux de rente, et on donnait des rations différentes suivant ces deux catégories. Ces divisions ne nous semblent pas justes ; le travail est la rente d'un capital aussi bien que le lait ou la viande, on ne doit donc pas l'opposer au mot rente. Il me semble qu'il vaudrait mieux diviser la ration de production en ration de travail et ration d'accroissement ; nous donnerons la première aux animaux qui, comme leurs noms l'indiquent, ne produisent que de la force, tandis que la seconde sera affectée à ceux qui se trouvent dans une position quelconque de travail sur eux-mêmes. Je rangerai dans cette catégorie les jeunes sujets qui ont besoin d'un surcroît d'aliments pour se développer, les animaux qu'on engraisse, les femelles en gestation, celles qui donnent du lait, enfin les animaux qui font leur laine.

Étudions comment se comportent l'animal et les aliments qu'on lui fournit dans les différentes circonstances de travail, de gestation, etc.

Ration de travail. Il serait d'un grand intérêt de savoir

quelle est exactement la quantité de matières azotées et carbonées à donner à un animal dans toutes les circonstances où il se trouve. Malheureusement la science manque encore de données précises pour établir ainsi une alimentation raisonnée ; nous avons cependant quelques expériences qui ébauchent ces grandes questions. On demande à un animal qui doit donner son travail, qu'il vive et qu'il produise de la force, on ne veut pas qu'il engraisse ; les matières grasses, comme les matières carbonées, devront donc servir à la respiration ; les matières azotées au contraire lui permettront de réparer les forces qu'il perd chaque jour en travaillant.

M. Boussingault a fait des expériences dans ce sens sur un cheval. Il analysait les fourrages, le fumier ; et le cheval était pesé de temps à autre de manière à constater ses augmentations ou diminutions de poids ; j'ai répété les mêmes expériences sur 168 chevaux, et je suis arrivé comme moyenne aux nombres de M. Boussingault.

Il faut à un cheval qui travaille 10 heures par jour, et qui pèse 500 kil. :

1k de matières azotées,
3k.4 de matières grasses ou carbonées devant servir à la respiration.

Si nous analysons les fourrages, nous trouverons qu'ils renferment, à part l'eau, les sels minéraux, et le ligneux qui n'est pas assimilé, les matières suivantes :

7k.2 pour 100 de matières azotées,
22k.45 de matières respiratoires.

Ces dernières comprennent, comme nous l'avons vu,

graisse et matières carbonées. D'après ces nombres, on voit facilement que le cheval doit recevoir de 14 à 15 kil. de foin par jour pour s'assimiler la quantité d'azote et de carbone que nous avons vu lui être nécessaire. Ici encore la pratique et la science se rencontrent; on était, en effet, arrivé par tâtonnement à donner à un cheval cette ration de 14 à 15 kil. de fourrages.

Ration d'accroissement. Voyons maintenant comment il faudra modifier la nourriture pour faire produire à un animal de la graisse au lieu de force. On veut que, tout en vivant sans une trop grande énergie, l'animal gagne en muscles et en graisse. Je dois dire ici que ces deux productions sont d'un prix bien différent; les muscles coûtent beaucoup plus cher à produire que la graisse, et, par conséquent, il est très-important que, si une destruction vient à s'opérer dans l'animal, elle porte spécialement sur la graisse et non sur la matière azotée.

Il y a une question qu'on a souvent agitée et qui n'est pas encore résolue complétement; les animaux s'assimilent-ils la graisse qu'ils rencontrent dans les végétaux ou la forment-ils en eux-mêmes avec les matières carbonées qu'ils trouvent dans leurs aliments? Pour nous, sans décider autrement la question, nous croyons que l'animal forme la graisse, quand il ne la trouve pas, mais qu'il se l'assimile quand il la rencontre dans les végétaux. La question étant, pour nous, d'arriver le plus vite possible, nous croyons qu'il vaut mieux donner cette graisse toute faite autant qu'il est possible. En Angleterre, on engraisse les animaux d'après cette méthode de l'assimilation de la graisse, et on réussit très-bien. A Gournay, où l'on élève des veaux, on obtient par cette même méthode d'excellents résultats. On divise les veaux en deux catégories : les veaux gras et les veaux maigres, ou veaux « gournayeux ». Ces deux espèces sont produites par une alimentation différente qui combat en faveur de l'assimilation de la graisse.

Les veaux gras sont nourris avec du lait ordinaire, les veaux « gournayeux » ne reçoivent au contraire que du lait écrémé, c'est-à-dire du lait dépourvu de matières grasses ; l'élève dure 90 jours. Chaque animal reçoit $15^{l},2$ de lait par jour, ce qui fait 1372 litres pendant les 3 mois. Or, 1 kilog. ou 1 litre de lait pur, car la densité du lait se rapproche beaucoup de celle de l'eau, contient 40 grammes de matières grasses ; 1 kil. de lait écrémé contient $\frac{1}{10}$ à $\frac{1}{5}$ de matières grasses, quantité à peu près négligeable ; à la fin de l'engraissement, le veau gras pèse 40 kilog. de plus que le veau gournayeux ; ainsi, dans cet exemple, l'assimilation de la graisse est bien évidente. Il est vrai que cette graisse est un produit animal, mais nous avons vu que les graisses végétales et animales avaient une composition tout à fait analogue. La production du lait se fait comme celle de la graisse proprement dite ; il faut, dans les deux cas, produire de la graisse. Seulement, dans un cas, cette graisse s'interpose dans les tissus de l'animal ; dans l'autre cas, au contraire, elle passe tout entière dans le lait. Une femelle laitière devra donc recevoir de la graisse des matières azotées et de l'eau pour produire du lait ; elle est maigre tant qu'elle donne du lait, et ne peut engraisser que lorsque ce lait tarit. On fait souvent cette spéculation aux environs de Paris ; quand une vache laitière ne fournit plus une quantité de lait suffisante pour qu'il soit avantageux de la conserver, on la fait tarir, on l'engraisse et on la vend aux bouchers.

Pour les jeunes animaux, la question de l'alimentation est extrêmement importante ; nous avons déjà dit, plusieurs fois, que toute la zootechnie est dans l'alimentation ; mais tout le succès dépend de la nourriture donnée dans le jeune âge. Il ne faut pas croire qu'un animal bien nourri au début deviendra exigeant plus tard ; non, tout au contraire, il s'entretiendra bien mieux et à moins de frais.

Les jeunes animaux exigent, pour leur nourriture, des matières azotées, de la graisse, et, de plus, les éléments nécessaires pour former leurs os, c'est-à-dire de l'acide phosphorique et de la chaux ; ces deux éléments sont d'une importance extrême, et le jeune animal sent un impérieux besoin de se les assimiler. — Le phosphate de chaux se rencontre parfois tout formé dans les aliments, dans le lait, par exemple. Souvent, dans le maïs et dans le blé, on trouve l'acide phosphorique, mais la chaux ne s'y rencontre pas. C'est l'eau qui, dans ce cas, est chargée de la fournir ; on sait, en effet, que toutes les eaux sont plus ou moins calcaires. Si le jeune animal ne trouve pas ces matières minérales dans ses aliments, la nature le pousse aux actes les plus bizarres pour se les procurer. On rapporte que, en Amérique, des mulets nourris exclusivement avec du maïs, et buvant de l'eau dépourvue de chaux, mangeaient la terre pour y rencontrer les susbtances minérales qui leur manquaient. Dans l'Inde, des enfants ont présenté le même phénomène.

Que devons-nous conclure de cette étude sur l'alimentation dans les différentes circonstances où se trouvent les animaux? Nous en tirerons d'abord ce fait, qu'un aliment n'a pas une valeur nutritive constante; il vaut tant dans telles circonstances et lorsqu'on se propose tel ou tel but.

En nous résumant, qu'avons-nous essayé de démontrer jusqu'à présent? Nous avons dit d'abord que, l'animal vivant de ce qu'il mange, il faut toujours le bien nourrir; bien nourrir coûte cher, il est vrai, mais mal nourrir coûte plus cher encore!

Puis, comment faire pour bien nourrir? Il y a deux moyens qui ne sont pas également faciles :

Augmenter la somme de fourrages produite par l'agriculture, développer dans ce sens l'industrie agricole; oui, sans doute, mais malheureusement ceci n'est pas toujours possible.

Diminuer le nombre de têtes de bétail, et cela on le peut toujours. La perfection de l'agriculture ne sera pas dans le nombre des têtes de bétail, mais dans leur beauté, dans leur valeur ; un nombre restreint de beaux animaux vaut mieux et pour l'agriculteur et pour l'agriculture ; car, comme nous l'avons déjà dit, avec peu d'animaux vous aurez plus de fumier et de meilleure qualité ; vous pourrez plus et mieux cultiver, et vous entrez alors dans une voie qui doit conduire à la perfection agricole.

Avant de terminer ce chapitre, je vais citer des chiffres qui vont montrer combien, en effet, il est important de donner toujours aux-animaux une nourriture substantielle.

D'après la comptabilité de Mathieu de Dombasle, qui exploitait, comme on le sait, dans le nord de la France, il résulte qu'un bœuf qui reçoit 6 kilogrammes de foin coûte 100 francs, et ne paye pas sa nourriture. S'il reçoit par jour 9 kilogrammes, il coûtera 150 francs, mais alors il pourra donner du travail en quantité telle que le labour d'un hectare de terre coûtera 12 francs. Si l'animal reçoit de 19 à 20 kilogrammes par jour, il coûtera à nourrir 325 francs, et le labour d'un hectare de terre ne coûtera plus que 6 francs.

Ainsi, dans le premier cas, l'animal ne coûte que 100 francs, il est vrai, mais ces 100 francs sont complétement perdus; dans le dernier cas, il coûte 325 francs; c'est très-cher, comme on le voit, mais il produit un travail très-considérable, et le prix de ce travail diminue à mesure que l'on augmente la ration. Plus vous donnez à la machine animale, plus elle vous rend.

Prenons un autre exemple, tiré de la culture de l'Est de la France. Voici ce qu'on trouve dans la comptabilité d'une ferme du département de l'Ain : Quatre bœufs sont dans l'étable, ils pèsent chacun 500 kilogrammes; nous n'avons que 1,000 kilog. de foin à leur donner, à 4 fr. le quintal; c'est donc 40 fr. à dépenser. Si nous gardons nos quatre bêtes, et que nous leur donnions de 3 à 4 kilogrammes par jour, ils mettront soixante et onze jours à manger notre fourrage, et ils auront dépensé 40 fr.; mais pendant ce temps-là, les animaux n'ont donné aucun travail, et ils ont perdu de leur valeur. Au lieu de conserver quatre animaux, réduisons-les à deux, vendons les deux autres. Si nous leur donnons $7^{kg},5$ de foin à manger par jour, ils mettront soixante-six jours à dépenser 20 francs chacun ; mais, pendant ce temps-là, ils ont donné trois heures de travail par jour, à 10 cent. l'heure, ce qui donne 9 fr. 90 c. par tête pour les soixante-six jours ; pendant ce temps-là, ils n'ont rien perdu, mais ils ont pu travailler et ont donné 300 kilogrammes de mauvais fumier. Doublons la ration, les animaux recevront 15 kilog. par jour, et au bout de trente-trois jours ils auront fini leur fourrage, mais ils ont pu travailler six heures par jour, à 10 centimes par heure, ou 19 fr. 80 c. : ici, si nous comptons le fumier, nous sommes en bénéfice. Nous aurions encore pu garder nos animaux à l'étable sans les faire travailler, alors ils gagnent 1 kilogramme par jour, au prix de 60 centimes, nous retrouvons de même 19 francs 80 cent. Augmentons encore la ration : donnons 20 kilogrammes de foin par jour ; au bout de vingt-cinq jours tout est mangé, les animaux nous donnent 20 francs de travail, car ils peuvent travailler huit heures par jour, ou, s'ils ne travaillent pas, ils augmentent de 1 kilogramme par jour, ce qui donne 20 francs, le fumier en plus.

Ainsi, ces chiffres qui sont réels, pris dans une comptabilité bien faite, nous prouvent que, lorsqu'on augmente la ration, on trouve bénéfice ; quand on la diminue, au contraire, la perte arrive ; et remarquez de plus que, en faisant consommer nos 1,000 kilogrammes en vingt-cinq jours, nous diminuons les risques qui se présentent dans l'élève des bestiaux comme dans toute entreprise ; nous diminuons aussi les frais de main-d'œuvre, de location ; nous gagnons les intérêts de l'argent, moins considérables à mesure que le temps diminue.

Il est, je crois, démontré que, au point de vue physiologique, il faut bien nourrir les animaux ; je viens, par des chiffres, de prouver le même fait au point de vue de l'économie industrielle.

CHAPITRE III

DES FOURRAGES

Tout en restant encore dans cette grande question de l'alimentation, nous allons aborder un autre sujet, ou plutôt une autre partie du problème général de la nutrition.

Les fourrages n'ont pas une valeur nutritive absolue et constante, voilà ce que nous voulons démontrer. Ces faits tiennent à deux causes qui peuvent faire varier l'effet utile ; ces causes dépendent, ou du fourrage lui-même, ou de l'animal.

La valeur nutritive intrinsèque du fourrage peut être changée par deux causes principales, par sa composition ou par son état physique.

La première est évidente. Quand le fourrage est changé dans sa nature, qu'il devient un autre corps par les transformations chimiques qui s'opèrent dans sa masse, il est bien certain que les effets peuvent être différents; ce fait est évident de lui-même, l'énoncer suffit pour le faire comprendre.

La composition du fourrage est très-importante à étudier : les différences de localités, de saisons, d'époques auxquelles il a été récolté, de la manière même dont cette récolte a été faite : voilà autant de causes de variations dans sa valeur. Quelques exemples le feront facilement voir. A Bechelbrom, en Alsace, deux seigles récoltés dans deux années différentes, en 1836 et 1838, ont donné le premier 13 p. 100 de matières azotées, le second 9 seulement ; la différence est très-considérable, comme on voit.

L'époque de la récolte, l'état où se trouve la plante au moment où on la fauche, doivent aussi être pris en considération. Faut-il, par exemple, récolter le trèfle avant, pendant ou après la floraison ? C'est au moment de la floraison que l'effet utile de la plante est maximum ; la botanique en donne facilement la raison. La plante, après sa floraison, utilise à son profit les matières qu'elle a absorbées pour faire son fruit et sa graine ; si on récolte trop tard, on ne retrouve donc plus les matières les plus utiles ; une betterave, une canne à sucre portant graines, ne contiennent plus de sucre, tout a été absorbé. En général, on récolte les fourrages trop tard, et en voici le prétexte : c'est que le rendement en poids est plus considérable. Ainsi voici les rapports :

100 kil.	de trèfle	avant la floraison donnent	28 kil.	de foin.
100 kil.	—	à la floraison donnent	35 kil.	—
100 kil.	—	après la floraison donnent	42 kil.	—

Le rendement est beaucoup plus considérable, et cependant l'effet utile est moindre ; la plante a fait du bois, du ligneux, qui, on le sait, n'est pas assimilable ; les parties les plus substantielles, les jeunes pousses, les feuilles tendres, celles dont la valeur nutritive est plus considérable, ont été détruites. En récoltant au moment de la floraison, on aurait moins de foin, mais, sous un plus petit volume, on aurait un effet utile beaucoup plus considérable.

Une fois la récolte faite, sous l'influence de l'humidité et de l'air atmosphérique, il peut s'établir dans les fourrages une fermentation qui transforme successivement l'amidon en dextrine, puis en sucre, ce sucre en alcool et en acide carbonique, etc. Cette fermentation, quand on l'arrête au moment où l'aliment est transformé en sucre, peut être utile. En effet, la transformation qui se fait naturellement sous l'influence des ferments est exactement la même que celle que fait l'animal pour digérer ; il doit, avant d'assimiler l'amidon, le transformer en sucre. La fermentation commence donc la digestion, elle mâche pour ainsi dire à l'animal ses aliments, l'absorption se fait plus vite et plus facilement. Il n'y aura donc d'avantage réel que si l'on profite de cette digestion facile pour augmenter la proportion d'aliments destinée au bétail.

En Angleterre et en Allemagne, cette habitude de donner aux animaux des matières fermentées est assez générale. On réunit tous les détritus : pommes de terre, betteraves, fourrages divers, on ajoute un peu d'eau et on abandonne le tout à lui-même ; la matière s'échauffe beaucoup, la fermentation commence et on distribue cette nourriture au bétail. En France, on n'est pas dans l'habitude de donner ces aliments fermentés, on ne les emploie guère que dans le Mont-d'Or pour la nourriture des chèvres. Dans cette région, on prend des feuilles de vigne au moment de la vendange, on les réunit en tas et on ajoute de l'eau; on donne cette nourriture, assez peu substantielle, du reste, après la fermentation. La conversion des grains en malt par la germination est aussi avantageuse pour les bestiaux; la digestion se fait plus vite et plus facilement.

Quand on réunit le fourrage en meules, on obtient encore du foin de différentes qualités, suivant la place occupée dans la meule. Des expériences exactes ont démontré que le fourrage placé au centre de la masse contenait un bien plus grand nombre de parties utiles que celui qui est exposé à l'air.

Nous venons de voir quelles étaient les causes qui pouvaient changer la composition des fourrages, et qui par conséquent influaient sensiblement sur ses qualités.

L'état physique des aliments n'est pas moins important; la cuisson, la macération, la dessiccation doivent être autant d'objets d'étude.

En France on s'est peu occupé de ces transformations des aliments. En Angleterre et en Allemagne, au contraire, on les a essayées avec succès. La cuisson des aliments est très-employée; il y a dans la digestion non-seulement des phénomènes chimiques, comme nous l'avons vu plus haut, mais aussi des actions mécaniques; il faut que l'animal désagrége les corps qu'il mange, de façon que l'action chimique ait lieu plus facilement; la cuisson, en général, facilite cette mastication, cette désagrégation des aliments. Les pommes de terre crues, par exemple, renferment un principe âcre qui peut être nuisible et dont la cuisson les débarrasse. D'après Mathieu de Dombasle, la différence d'effet utile serait de 6 à 1; sans admettre une différence aussi considérable, il est certain que la cuisson peut être utile dans ce cas. La cuisson se fait tantôt dans l'eau, tantôt à la vapeur, tantôt au four; cette dernière méthode a présenté quelquefois de graves inconvénients, surtout pour les bœufs. Les pommes de terre cuites ainsi perdent en effet toute leur eau, la fécule, qui en est très-avide, arrivée dans l'estomac, s'empare de toute l'humidité qu'elle y peut rencontrer, détermine un succin sur les parois de l'appareil digestif, et peut amener des accidents; pour les chevaux, il n'y aurait pas à craindre le même inconvénient, le cheval ayant un très-petit estomac, la digestion se fait plutôt dans les intestins où l'action de la fécule ne saurait être dangereuse.

La cuisson agit aussi sur la fécule de manière à la rendre bien plus faiblement absorbable; quand elle est donnée crue, il arrive souvent qu'elle n'est pas assimilée et qu'on la retrouve tout entière dans l'intestin.

L'infusion peut rendre aussi des services; chez nos voisins, on prépare un grand nombre de barbotages, de buvies, etc.

La dessiccation du fourrage est un point très-important à considérer. Le fourrage vert nourrit-il plus ou moins que le foin ou fourrage sec; le fourrage fané conserve-t-il tous les principes actifs nutritifs; en présente-t-il autant, quand on le donne à l'animal, que lorsqu'il était sur pied? M. Boussingault a fait une expérience sur cette question : il a pris dans un même trèfle un certain poids de fourrage vert qu'il a donné à des vaches laitières; il a recueilli un poids semblable dans des sacs, l'a fait sécher et l'a donné ainsi aux vaches; l'effet a été sensiblement le même. La dessiccation plus ou moins grande du fourrage n'influe donc pas sur ses qualités. Mais c'est là tout ce que démontre l'expérience de M. Boussingault, elle ne démontre pas que le foin vaille autant que le fourrage vert, ce qui au reste est démontré faux par une autre expérience que je vais citer.

On a nourri des béliers avec du foin recueilli comme on le fait ordinairement et du fourrage vert ; on a trouvé que le kilogramme de fourrage vert nourrissait autant que 1 kilogr. ½ de foin ; que par conséquent 100 kilogr. nourrissaient autant que 37 ; il faudrait donc que 100 kilogr. de fourrage donnent 37 kilogr. de foin; mais ils n'en donnent que 24. Il y a donc une différence de 13, ce qui donne une différence de 50 à 60 p. 0/0. On comprend au reste très-bien qu'il en soit ainsi ; dans le fanage, le bottelage et dans toutes les opérations qu'on fait subir aux herbes avant de les transformer en foin, on perd les parties les plus tendres, les plus jeunes, celles dont l'effet utile est maximum. Il serait donc à désirer que, en France comme en Allemagne, on réunît le foin en meules ; ces meules humides fermentent, et tout le foin se prend en masse, de façon qu'il faut le couper à la hache quand on veut en détacher quelques parties ; on évite ainsi les frais de fanage, de bottelage, et les pertes que causent toujours ces différentes opérations.

J'ai dit que l'effet nutritif des substances alimentaires pouvait varier suivant deux causes principales : qu'elles pouvaient tenir au fourrage lui-même, ou bien à l'animal chargé de les consommer. Ce sont ces dernières considérations dont nous allons nous occuper maintenant.

Pour qu'un animal se nourrisse bien, pour qu'il retire tout le parti possible de ce qu'il mange, il faut qu'il soit bien développé, et il ne sera bien developpé que s'il a été bien nourri dans sa jeunesse. Dans ce cas, la cavité thoracique est large, et presque tous les phénomènes de la digestion se passent dans l'estomac ; si au contraire l'animal a été mal nourri, la digestion se fait dans les intestins, ceux-ci se développent outre mesure, l'animal se nourrit mal, il devient « pensard ».

CHAPITRE IV

DES ÉQUIVALENTS NUTRITIFS

On a beaucoup parlé dans ces derniers temps de ce qu'on a désigné sous le nom d'équivalents nutritifs, c'est-à-dire des quantités des différents aliments pouvant produire le même effet utile ; nous allons aborder cette question, et je commence par dire que je ne crois pas que ces équivalents nutritifs existent d'une façon absolue, ils sont toujours subordonnés à la spéculation que l'on veut entreprendre.

Dans la question qui va nous occuper, nous allons nous trouver vis-à-vis des difficultés les plus grandes. La physiologie végétale nous présentera déjà tous ses problèmes, compliqués encore de ceux de la zoologie. Cette étude sur les équivalents nutritifs a été entreprise par les agronomes les plus distingués. Nous allons successivement voir exactement quelle est la question, quelle en est l'importance, et enfin comment on est arrivé, sinon à la résoudre, du moins à l'éclairer par de nombreuses recherches.

Nous définirons l'équivalent nutritif, la quantité en poids suivant laquelle un fourrage peut se substituer à un autre, pour produire le même effet utile. Par exemple, combien faudra-t-il employer de kilogrammes de paille pour produire le même effet que tant de kilogrammes de foin? Voilà la question. Toutes les fois qu'il s'agit de mesure, de quantité, la première chose à faire est de choisir une unité; ici, l'unité choisie, c'est le foin. On comprend pourquoi on a fait ce choix, le foin est en effet la nourriture la plus ordinaire, la plus répandue, des animaux domestiques.

Quelle est en somme l'importance de la question des équivalents nutritifs? Quelques exemples vont le faire comprendre. Supposons pour un instant qu'il soit démontré que :

100 kilos de foin produisent le même effet utile que
500 kilos de paille et
300 kilos de pommes de terre jaunes.

Les 100 kilogr.	de foin valent à Paris aujourd'hui.............	12f 00	
500 —	de paille —	22 00	à 4f. 40 les 100 kil.
300 —	de pommes de terre jaunes	25 80	à 8 40 —

Les chiffres parlent d'eux-mêmes, il est évident qu'il faudra nourrir les bestiaux avec du foin et vendre les pommes de terre et la paille. La comptabilité agricole serait évidemment ainsi très-simplifiée; on pourrait connaître les rapports qui doivent exister entre la litière et la nourriture, et par conséquent le fumier; ces exemples, qui ne montrent qu'une petite partie de la question, doivent cependant faire comprendre quelle en est l'importance.

Les premiers travaux sur ce problème si intéressant sont dus à Davy; il étudia successivement en Angleterre 37 espèces de plantes dont il détermina les principes immédiats, et les rapports de ces principes entre eux, les quantités pondérales dans lesquelles ils existent chez les plantes diverses, soumises à l'analyse. Malheureusement Davy a commis dans ses recherches l'erreur d'attribuer à chaque principe immédiat la même valeur nutritive, et cette faute suffit à elle seule pour enlever à ses recherches toute utilité pratique.

Thayer, peut-être théoriquement, peut-être au contraire à l'aide de la pratique (car de ses ouvrages il ne ressort pas nécessairement qu'il ait expérimenté), s'est aussi occupé de cette grave question. Payer a également étudié les équivalents nutritifs, et comme ses expériences portent sur un grand nombre de fourrages, quelle que soit la valeur intrinsèque de ses résultats, ils restent toujours comme données relatives. En France, Mathieu de Dombasle, Royer, M. Boussingault, se sont occupés des équivalents. Dans toutes ces recherches, comme nous allons le voir bientôt, la pratique est la seule base certaine; les données théoriques de la chimie peuvent servir, elles doivent aider et guider l'agronome, mais en somme l'expérience sur les animaux doit être son premier point de départ.

Voyons comment on a pu envisager cette question au point de vue expérimental. Si, tout en nourrissant bien un animal, on ajoute simplement à sa ration ordinaire une certaine dose de la matière dont on veut étudier l'effet, il se pourra très-bien qu'elle ne produise aucune espèce d'effet utile; cette méthode ne saurait donc être employée, il faut que l'expérience agisse d'une façon plus directe sur l'alimentation.

Prenons, par exemple, un cheval d'un poids de

500 kilogr. travaillant de 6 à 8 heures par jour et qui se nourrit habituellement de 15 kilogr. de foin ; enlevons-lui 7 kilogr. de foin et remplaçons cette nourriture par les aliments que nous voulons expérimenter; remplaçons le foin par des betteraves, la quantité de betteraves à ajouter étant rapportée à 100 de foin, l'équivalent nutritif de cette plante. Pour nous mettre autant que possible à l'abri de toute erreur, remarquons bien que la densité et par contre le volume du fourrage influeront beaucoup sur la digestion de l'animal ; si nous donnons du tourteau, qui est très-nourrissant, et de la paille de seigle, qui l'est très-peu, le travail digestif, très-rapide dans un cas, très-lent dans l'autre, pourrait nous induire en erreur. Il faudra donc, comme première précaution, habituer la machine animale à la nourriture que nous devons essayer dans nos expériences. Enfin, les animaux ne sont pas assez semblables pour qu'on puisse déduire exactement que ce qui est vrai pour l'un soit vrai pour tous; il faudra donc répéter les expériences sur un grand nombre d'animaux.

Examinons maintenant quels résultats ont obtenus les savants qui ont étudié la question. D'après différents auteurs, en considérant 100 kilog. de foin comme unité, on a trouvé que l'équivalent de la paille de froment répondait aux nombres

150 175 200 275 300 360 470 500

Ces nombres sont tellement différents qu'on ne sait réellement lequel il faut choisir. En nous contentant de citer les nombres extrêmes, nous allons voir que les différences sont aussi grandes pour les autres aliments.

Ainsi la betterave champêtre, dite disette, présente pour son équivalent les nombres

250 255 500

LES POMMES DE TERRE.

150 280

L'AVOINE.

32 80

LES POIS.

30 66

Comment admettre que, dans ces nombres si variables donnés cependant par des observateurs consciencieux, il n'y ait pas une erreur radicale qui doit nécessairement entacher de fausseté tous les résultats? La cause, on la voit tout de suite. L'unité sur laquelle sont basés tous ces nombres n'est pas constante, le foin varie de valeur nutritive suivant l'état physique et chimique dans lequel il se trouve, état dont on n'a pas tenu compte. Il est bien évident que des nombres aussi dissemblables ne peuvent être d'aucune utilité pratique pour l'agriculture. Aussi a-t-on cherché à simplifier le problème, et on a posé ce principe : la valeur nutritive d'un fourrage est proportionnelle à la quantité d'azote que renferme ce fourrage. A notre avis, ce théorème n'est ni tout à fait vrai ni tout à fait faux; il résulte d'un grand nombre d'expériences, qu'un animal, nourri avec des aliments complétement dépourvus d'azote ne peut pas vivre ; on a démontré également que plus une farine contenait de matière azotée, de gluten, plus elle était nourrissante. L'expression de matières azotées nous semble plus juste que celle d'azote; la chimie démontre, en effet, que presque toutes les plantes contiennent des azotates, qui ne sont nullement nourrissants; cette science possède, au reste, des moyens précis de doser l'azote qui se trouve dans les matières végétales, dans les principes immédiats en le séparant complétement de celui qui existe dans les sels. Examinons la question de près, et nous allons voir que la première condition, qui doit se vérifier pour admettre l'hypothèse citée plus haut, est celle-ci : il faut que dans les aliments, quand la proportion d'azote est dans un certain rapport, la quantité de matières respiratoires (graisse, charbon) soit dans ce même rapport; car, comme nous l'avons démontré, les matières azotées forment une des parties de l'alimentation. Mais les matières charbonnées ne sont pas moins importantes. Voyons si nous trouvons ce rapport dans les différentes substances soumises à l'expérience.

Un cheval se nourrit, comme nous l'avons dit, de 15 kilogrammes de foin, ces 15 kilogrammes contiennent :

1.08 de matières azotées,
3.37 de matières respiratoires.

D'après cette quantité de matières azotées contenues dans 15 kilogrammes, nous voyons que le foin doit avoir 30 pour équivalent en azote. Prenons maintenant du tourteau; comme il est infiniment plus riche en azote, son équivalent sera représenté par 4 kil. 52, et nous aurons :

1.08 de matières azotées,
1.22 de matières respiratoires.

Ici, par conséquent, nous trouvons ce dernier élément

en quantité beaucoup plus faible. Si nous voulons ajouter une nouvelle dose de cet aliment pour augmenter notre proportion de charbon, nous augmentons par contre la proportion d'azote.

Essayons maintenant la paille.

Son équivalent sera 57 kilogr.
et nous trouverons 1k.08 de matières azotées,
9k.92 de matières respiratoires.

M. Boussingault avait appelé cet équivalent, basé sur la quantité de matières azotées, équivalent absolu ; mais il nous semble que, cependant, on n'arrive jamais à une équivalence pour retrouver la matière azotée en quantité constante ; nous sommes obligés d'avoir des aliments tantôt extrêmement pauvres en charbon, tantôt extrêmement riches, et si nous voulons faire accorder les deux chiffres qui représentent les matières charbonées, c'est alors l'azote qui se met à varier.

A mon avis, jusqu'à présent, on a étudié la question d'une façon trop absolue, on a voulu réunir des aliments trop différents. Il existe dans les fourrages des groupes naturels qu'on est obligé de considérer, sous peine d'arriver à des conséquences que je crois avoir démontrées fausses.

Je vais donner successivement la composition des fourrages que je considère comme faisant partie des mêmes groupes.

1er Groupe. Des Foins.

Aliments fanés dans un état physique semblable, présentant à peu près la même densité.

FOIN SUR 100 PARTIES.		PAILLES DE CÉRÉALES.
Eau.................	15	20
Liqueurs	22	31.
Matières azotées......	11	2
Matières respiratoires.	20 à 22	17 à 21

Ces deux fourrages secs présentent donc à l'analyse des différences importantes ; les matières azotées surtout sont beaucoup plus abondantes dans le foin que dans la paille.

Dans notre deuxième groupe nous placerons les fourrages verts.

2e Groupe. Fourrages verts.

FANES. Pailles provenant d'autres plantes que les céréales.		POMMES DE TERRE.
Eau.................	81	81
Liqueurs.............	4	1
Matières azotées......	2.6	0.8
Matières respiratoires.	2 à 7	3 à 11

Enfin nous placerons les grains dans un troisième groupe.

3e Groupe. Grains.

GRAINS DE CÉRÉALES.		GRAINES DE LÉGUMINEUSES.
Eau.................	15	24
Liqueurs.............	3	3
Matières azotées......	13 à 15	20 à 31
Matières respiratoires.	27 à 33	22 à 27

On pourrait encore faire un quatrième groupe des graines oléagineuses et des tourteaux. Pour moi, je crois qu'on peut établir des équivalences dans ces groupes assez semblables par la constitution ; et alors il sera vrai de dire que le plus riche en azote est celui dont l'effet utile est maximum. Ainsi, dans les foins, nous aurons des aliments plus ou moins riches ; car les foins récoltés sur les prairies artificielles contiennent toujours une plus forte proportion de matières azotées que ceux qui poussent dans les prairies ordinaires. Suivant le résultat auquel on voudra arriver, suivant la spéculation qu'on se propose, il sera utile d'employer l'un ou l'autre. Le groupe général des foins présente de grandes analogies, et cependant il sera souvent impossible de substituer la paille au foin ; car, pour produire le même effet, il faudrait augmenter énormément le volume de la substance donnée à l'animal; dans l'alimentation la paille ne devra donc jouer qu'un rôle supplémentaire. Les fourrages verts et les pommes de terre joueront un rôle à peu près semblable ; car ils se rapprochent l'un de l'autre ; riches en matières respiratoires, ils sont pauvres en azote. Les premiers seront surtout employés pour l'engraissement, les seconds pour la production du lait. Enfin les quatre premiers groupes se rapprochent l'un de l'autre, ils constituent la base de l'alimentation, les fourrages *encombrants;* ils présentent un assez grand volume pour remplir la capacité de l'animal, pour le lester. Les groupes suivants, au contraire, très-nourrissants sous un petit volume, seront utilement mélangés aux substances pauvres, dont un volume considérable ne produit qu'un petit effet.

C'est dans ces groupes que nous croyons qu'il existe des équivalents. Tel foin pourra remplacer tel autre, tel grain produira le même effet que tel autre ; mais ces rapprochements, qui sont naturels, plausibles, utiles, quand on les fait dans des groupes semblables, deviennent faux, quand on veut comparer la paille et des pommes de terre, par exemple. Nous avons dit précédemment combien le choix de l'unité est important, et c'est aussi parce qu'on s'est mal entendu sur ce sujet qu'on est arrivé à des nombres aussi différents que ceux que nous avons vus tout à l'heure. Il faudrait prendre dans chaque groupe une unité particulière toujours déterminée avec soin. En rétrécissant ainsi le problème, et ne comparant que des choses susceptibles de comparaison, on pourra arriver aux résultats que nous avons montré, comme devant suivre la connaissance des équivalents nutritifs.

CHAPITRE V

DU RAPPORT DE LA RATION AU POIDS VIF.

Continuant cette étude de l'alimentation, nous rangerons les différents aliments, généralement employés, d'après leur valeur nutritive, et, en commençant par les plus riches, nous aurons :

Tourteaux.
Graines légumineuses.

Graines oléagineuses.
Grains.

Foin.
Racines et tubercules.

En groupant ces fourrages deux à deux, nous saurons que le n° 1 de chacun de ces groupes est plus riche en matières grasses et en ligneux, les autres en fécule et en eau. Nous avons dit que nous considérions les foins comme étant les fourrages qui forment la base de l'alimentation ; les autres seront les fourrages complémentaires ; ils serviront à compléter des rations insuffisantes comme principes azotés, mais qui présenteraient, au contraire, des matières carbonées abondantes, et un volume considérable. Nous sommes ainsi amenés naturellement à l'idée de faire des rations équivalentes. Il est bien évident que, pour pouvoir les établir, il faut que nous ayons des nombres représentant à peu près les rapports qui existent entre les différents aliments. Nous avons cherché à contrôler, autant que possible, ces nombres, et ils pourront être utilement employés dans la pratique, bien que nous ne les considérions nullement comme étant des équivalents exacts. En donnant au foin une valeur nutritive de 100, les autres aliments seront représentés ainsi qu'il suit : paille, 500 ; fourrages verts, 376 ; racines et tubercules, 356 ; grains, 76 ; graines légumineuses, 60 ; graines oléagineuses, 48 ; tourteaux, 56.

Nous avons insisté longtemps sur la question des équivalents, afin que l'on ne regardât plus les nombres comme représentant des quantités d'aliments pouvant se remplacer exactement les unes les autres. Il faudra apporter un certain soin dans la manière dont ces quantités seront unies les unes aux autres ; il faudra savoir quels sont les principes qui prédominent dans tel fourrage, et comment, par conséquent, il peut utilement s'unir à tel autre dans lequel cette même substance fait défaut ; enfin, appuyant encore sur cette idée, nous croyons qu'il n'existe pas d'équivalents nutritifs, mais qu'en revanche, on peut établir très-utilement des rations équivalentes.

Nous devons maintenant nous occuper de l'appropriation du fourrage aux animaux. Combien faudra-t-il d'aliments dans telle ou telle condition? Voilà le problème que nous voulons résoudre.

Peut-on, pour tous les animaux, quels que soient l'âge, l'espèce, la taille, etc., établir qu'il faut telle quantité de fourrage pour produire tel effet?

Il est bien évident, d'abord, que, pour arriver à quelque chose d'exact, il faut comparer des animaux placés dans les mêmes conditions ; on ne saurait par exemple considérer de la même façon un jeune et un adulte, un animal qui travaille, et un autre qui s'engraisse. Nous devrons donc ne nous occuper d'abord que de rations d'entretien.

Deux causes peuvent faire varier le rapport de la ration au poids vif ; ce sont les antécédents et la dimension de l'animal. Pour les antécédents, on sait qu'un jeune animal bien nourri s'entretient très-facilement dans l'âge adulte. La dimension est une question très-intéressante et très-controversée. Est-il plus avantageux de nourrir 1,000 kilogrammes de poids vif en un seul animal, ou 1,000 kilogrammes représentés par deux animaux de 500 kilogrammes chacun ? Mathieu de Dombasle considérait cela comme indifférent, de même que plusieurs auteurs qui considèrent la force de l'animal comme étant en raison de son poids. Dans cette opinion, il y a un certain avantage à posséder de gros animaux ; on évite ainsi certains frais de main d'œuvre, de location, de harnachements. Victor Yvart estimait qu'un seul animal, représentant le poids de deux autres, consommait moins qu'eux et produisait plus de fumier, que la viande était plus abondante et de meilleure qualité, que le poids des issues était plus petit ; pour lui encore, l'avantage était décidément du côté des animaux de grandes dimensions. A Lyon, la boucherie est de cet avis, on préfère un bœuf du Charolais pesant 1,200 à deux petits bœufs du pays de 600 kilogrammes ; le grand animal fournit un suif plus abondant et de meilleure qualité ; en outre, la peau est d'un débit plus facile quand elle est de grande dimension.

En Belgique, c'est l'opinion contraire qui prédomine. Ainsi, en 1848, le jury d'exposition déclara que les petits animaux s'entretenaient plus facilement que les grands, qu'ils présentaient une viande plus marbrée et se conservant mieux dans les grandes chaleurs. Nous avons quelques expériences pour éclairer cette question ; dans une vacherie où toutes les vaches consommaient 15 kilos de foin par jour, la plus petite pesait 600 kilos, elle mangeait donc 2 kil. 5 pour 100 de son poids ; la plus grosse pesait 811 kilos, ce qui faisait 1.850 pour 100, la seconde donnait par jour 6.3 litres de lait et la première 7.7. Ainsi, la seconde mangeait un peu plus et donnait un peu plus. Dans la même vacherie, par une moyenne de toute l'année, on trouva que la plus petite vache, pesant 612 kilos, consommait 2 kil. 41 pour 100 kilos de son poids vif et donnait 10 lit. 6 de lait. La vache la plus grosse pesait 760 kilos, consommait 1.976 pour 100 et donnait 9 lit. 6 de lait. Si, d'après des expériences aussi peu nombreuses, on peut tirer, non pas une loi, mais quelques indications, on voit que, en général, les petites vaches consomment plus et rendent plus. M. Boussingault a fait aussi quelques expériences sur des chevaux ; d'après lui, le plus petit serait encore celui qui consommerait davantage ; ainsi, deux chevaux, l'un pesant 500 kilos, l'autre 400, consommaient, l'un des aliments devant renfermer 1 kilogramme de matières azotées, l'autre 900 grammes ; si le cheval de 400 kilos n'avait pas consommé plus que l'autre par rapport à son poids, il aurait dû se contenter de 800 grammes de matières azotées. J'ai observé des faits analogues sur des chevaux et sur des bœufs. Voici un exemple tiré des moutons; en Angleterre on a comparé deux races, celle des Hampshire-downs, et celle des Sussex-downs. Les premiers pesaient 52 kilogrammes, les autres 40 kilogrammes; pour produire 100 livres anglaises en poids vif, les premiers ont demandé, en tourteaux, trèfles, etc., une quantité égale à 4,494 livres 12 onces; les seconds ont consommé 4,704 livres 7 onces.

Voilà donc encore un exemple qui vérifie notre opinion; les petits animaux exigent proportionnellement plus de nourriture que les grands. On admet en général que, pour 100 kilogrammes de poids vif, il faut 3 kilogrammes de nourriture environ; on dit aussi quelquefois que l'eau doit former le quart de la ration; mais il est évident que rien n'est moins certain, et que cette ration d'eau doit varier avec l'humidité plus ou moins grande des aliments.

Nous devons maintenant aborder une question qui présente également un grand intérêt; c'est l'équivalence des têtes de bétail. Quelle est la surface qui pourra contenir un certain nombre de têtes appartenant aux diverses races domestiques? On admet en général qu'une tête de gros bétail équivaut à 10 moutons ou à 6 porcs. Cette détermination est aussi difficile que celle des équivalents nutritifs; car il y a une foule de causes qui font varier ces rapports. Il est évident qu'on ne saurait comparer une vache laitière avec un veau ou un taureau, pas plus qu'un mouton de 2 ans à un gros bélier.

Thaër a examiné les pâturages à vache (c'est-à-dire la surface qui peut nourrir une vache pendant une saison; on admet que la vache pèse 210 kilogrammes poids net). D'après cet auteur, l'espace qui nourrit 100 vaches nourrit également

75 chevaux,
80 bœufs de trait,
133 poulains,
200 chèvres,
1000 brebis,
1000 porcs,
8000 oies.

Royer, dans sa statistique de la France, a aussi cherché à déterminer cette équivalence des têtes de bétail; mais il admettait que, pour un même poids net, les animaux consommaient le même équivalent nutritif et donnaient le même produit, le même fumier, etc.

D'après lui, 1 tête de gros bétail (bœuf, vache, taureau) équivaut à

15 bêtes à laine de tout âge,
10 chèvres,
3 poulains,
2 mulets,
4 ânes.

Il ne place pas le cheval dans cette catégorie; car pour lui le cheval est un mal dont il faudrait se défaire.

Il dit que l'espace nécessaire pour nourrir 1 cheval suffirait pour 7 bêtes à cornes, et de plus, selon lui, l'élève du cheval appauvrit le terrain par la production de l'avoine. La culture plus ou moins avancée de cette plante influe, en effet, beaucoup sur l'élève du cheval. Ainsi, en Belgique, où l'on commence à produire le cheval avec bénéfice, l'avoine représente du foin dont le quintal vaudrait 7 francs 70; en France il vaut 17 francs 30, ce qui est énorme.

En Belgique, en considérant les animaux comme des machines à engrais, voici l'équivalence qu'on établit :

1 cheval de trois ans,
1 bête à cornes de deux ans,
2 chevaux au-dessous de trois ans,
2 ânes ou mulets,
2 bêtes à cornes de trois mois à deux ans,
4 veaux n'ayant pas trois mois,
10 bêtes à laine,
12 boucs,
6 porcs.

Nous l'avons déjà dit, une foule de causes font varier le nombre des têtes de bétail : la proximité des grandes villes, la culture peu avancée, l'existence de grandes propriétés. Aussi, à notre avis, c'est une grande erreur de croire que le grand nombre des têtes de bétail est une preuve de prospérité pour un pays. Il faut d'abord se rendre compte des causes qui ont amené cette agglomération d'animaux, et, ensuite, de la beauté de ces mêmes animaux.

CHAPITRE VI

DE L'ENGRAISSEMENT

Qu'est-ce que l'engraissement ? Quels sont les animaux les plus propres à subir cette opération, et comment peut-on y arriver facilement? Telles sont les questions que nous devons chercher à résoudre.

En quoi consiste l'engraissement? L'étude des animaux gras abattus nous permettra de voir de quelle manière s'est faite l'accumulation de la graisse et le développement des muscles, les deux conditions de l'engraissement. Par rapport à la machine animale, l'engraissement est une situation tout à fait anormale à laquelle nous ne pourrons arriver qu'on exagérant à notre profit certaines lois de la nature. Il faudra que l'animal consomme suffisamment pour ne rien perdre, et qu'il augmente cette consommation pour acquérir un poids considérable.

La graisse est enfermée dans de petites tuniques arrondies ; elle constitue de petits globules dont la réunion forme le tissu graisseux. Ce tissu se dépose dans tout l'intérieur du tissu cellullaire, plus ou moins abondamment, suivant les endroits : la graisse s'interpose ainsi entre tous les organes. — Les points où le dépôt est le plus abondant sont : d'abord, le dessous de la peau sur toute la surface du corps, il y en a là une couche continue qui peut être plus ou moins épaisse, puis autour des mamelles, sur les membranes séreuses, dans les intestins. Entre tous les viscères, il existe des feuillets qui peuvent se charger d'une grande quantité de graisse. Quand une glande a été enlevée, il arrive souvent que le tissu graisseux envahit la place qu'elle aurait dû occuper, notamment pour la rate et les testicules. La graisse peut aussi se déposer dans le tissu cellulaire, au milieu des muscles, et elle produit alors ce qu'on appelle des viandes marbrées. — Il est important pour l'éleveur et l'acheteur de pouvoir reconnaître comment s'est fait ce dépôt de graisse chez certains animaux. Quelquefois, il est tout en dehors, sous la peau, de manière à présenter une belle apparence, sans que cependant l'animal fournisse ensuite la quantité qu'il annonçait; chez d'autres, au contraire, le dépôt s'est fait entre les gros viscères et n'est plus apparent.

On distingue dans la graisse, au point de vue économique, celle qui se mange et celle qui passe dans l'industrie sous le nom de suif. — On sait, d'après les travaux de M. Chevreul, que la graisse contient trois principes immédiats bien distincts : la stéarine, la margarine et l'éloïne, qui donnent à la graisse des propriétés particulières, suivant qu'ils sont plus ou moins abondants. La stéarine est la partie la plus solide, c'est elle qu'on emploie pour la préparation si importante des bougies stéariques. La graisse de mouton, puis celle des bœufs et des porcs, doivent une certaine solidité à ce principe immédiat; l'éloïne qui est, au contraire, liquide à la température ordinaire, donne leur fluidité aux huiles dans lesquelles elle prédomine.

L'âge de l'animal influe aussi sur la qualité de la graisse ; ainsi, dans la parfumerie, on préfère la graisse de veau à toutes les autres, parce qu'elle absorbe mieux les huiles essentielles qui doivent servir à la parfumer.

L'accumulation de la graisse chez les animaux a des limites physiques et physiologiques ; il y a plusieurs étapes dans la marche de l'engraissement. L'embonpoint est d'abord, en général, un signe de santé ; l'animal alors se nourrit bien et accumule la nourriture qu'il ne dépense pas. Quand on continue à laisser l'animal dans l'abondance, l'accumulation de la graisse continue, l'animal se roule, la peau est alors bien tendue, elle présente une certaine souplesse au toucher. Enfin si on veut encore aller plus loin, on arrivera jusqu'au fin gras ; il y a rarement avantage à aller aussi loin ; car toutes les fonctions s'atrophient, la respiration devient embarrassée, quoique l'animal conserve encore la faculté de s'assimiler les aliments, faculté qu'il perdra bientôt pour mourir, si on le tient un certain temps à ce régime anormal.

Nous venons de voir comment se dépose la graisse ; étudions maintenant quelles sont les circonstances les plus favorables à l'engraissement. — L'âge, le sexe, les antécédents de l'animal sont autant de causes qu'il est fort important de bien connaître.

Chez les jeunes animaux et chez les femelles, le tissu adipeux est plus développé que dans l'âge adulte et dans les mâles ; la faculté de prendre la graisse sera donc aussi plus grande. — Il y a dans la vie de l'animal deux périodes : il consomme pour s'accroître dans le jeune âge, et ensuite dans l'âge adulte, quand il travaille, il consomme sans gagner; mais ici ne nous occupons que de l'engraissement. Il est bien évident que le jeune animal, plus apte à prendre la graisse, qui augmente de poids à mesure qu'il consomme, et qui de plus a une bien plus grande activité dans toutes ses fonctions digestives, sera un produit infiniment plus avantageux. La précocité, l'engraissement des jeunes animaux, c'est là, nous le croyons, que gît toute la question de la viande à bon marché; question dont l'Angleterre s'est préoccupée bien plus que nous et dans laquelle elle réussit aussi bien mieux. En Angleterre, on tue annuellement 20 millions de bêtes de bétail, en France nous en tuons 40 millions et nous n'avons que le même résultat, 500 millions de kilogrammes de viande. Nos animaux rapportent donc moitié moins! Et pourquoi? C'est qu'en Angleterre ces 20 millions d'animaux sont des bêtes de 2 à 3 ans; en France elles ont au contraire de 5 à 6 ans. Remarquons, en outre, que non-seulement la viande anglaise est supérieure de moitié; mais que, de plus, pendant que nous élevons un animal, les Anglais en élèvent deux; ils ont de meilleurs produits, et il les font plus vite!

On nous dira que, en France, nos animaux ont travaillé; mais des trois produits que donne le bétail, lait viande et travail, c'est celui-ci qui coûte le plus cher à produire, c'est donc le moins avantageux.

Il faut bien remarquer que l'élève des animaux pour le travail est la spéculation précisément opposée à celle de la production de la viande.

L'animal ne peut travailler que lorsqu'il a acquis toute sa force, l'éleveur est donc obligé d'attendre. Comme l'animal lui coûte cher et ne lui rapporte rien, il est amené à le mal nourrir ; de là de mauvais antécédents pour l'animal qui plus tard sera difficile à engraisser. On tue en France les animaux trop tôt ou trop tard ; en Angleterre, on les tue juste au moment ; car on n'a pas, comme chez nous, la prétention d'engraisser les animaux de travail. Les Anglais s'occupent exclusivement de la production de la viande, et ils y réussissent.

Comment peut-on reconnaître un animal propre à l'engraissement? Et pour qui cette opération sera-t-elle avantageuse? Les opinions sont partagées ; les uns disent : un animal qui se nourrit bien en donnant du lait, ou en travaillant, se nourrira bien plus tard, il n'y a pas là d'aptitude spéciale ; d'autres au contraire prétendent que la conformation des animaux propres à l'engraissement est toute particulière. Quant à nous, nous croyons que le vrai est entre ces deux opinions contraires. Pour qu'un animal puisse s'engraisser, la condition indispensable, c'est qu'il se nourrisse bien. Comment pourra-t-on reconnaître la manière dont se remplit cette fonction? C'est d'abord de voir si l'animal peut respirer facilement, si par conséquent la côte est arrondie et permet le jeu des poumons et du diaphragme ; la poitrine large est une condition de bonne santé. Nous avons vu des exemples de mort occasionnée par des obstacles empêchant le jeu des côtes et la dilatation de la poitrine. Comme nous l'avons dit précédemment, cette poitrine très-développée annonce en même temps que l'animal s'est bien nourri dans sa jeunesse, que sa digestion est stomacale et non pas intestinale.

CHAPITRE VII

DES CARACTÈRES SPÉCIFIQUES DES RACES APTES A L'ENGRAISSEMENT.

Cherchons maintenant à reconnaître quels sont les caractères que présente un animal propre à l'engraissement. Tous les animaux sont-ils également aptes à subir cette opération, ou bien, y a-t-il des conformations spéciales qui peuvent prédire un meilleur résultat ? — D'abord, nous devons dire qu'on se trompe souvent grossièrement sur ces caractères, parce qu'on se place à un point de vue tout à fait faux. Qu'est-ce qu'un animal de boucherie en zootechnie ? la beauté pour l'éleveur sera-t-elle la même que pour l'artiste ? — Non, ce serait une grosse erreur que de le croire ! Le type d'un bœuf, pour le peintre, sera un animal aux formes bien nettes, bien accusées, haut sur jambe, joignant une certaine force à une certaine élégance, telles sont les qualités qu'on remarque chez les animaux peints par Paul Potter par exemple ; mais, je le déclare, si j'étais assez riche pour acheter le tableau, je n'achèterais certainement pas l'animal, car je ne vois aucune des qualités qui m'annoncent de la bonne viande en grande quantité. — Quel sera, en effet, le type de la beauté pour l'éleveur? Ce sera l'animal qui pourra fournir le plus facilement et le plus économiquement possible de la viande de bonne qualité en grande quantité.

On sait que la partie postérieure de l'animal est celle qui renferme la viande de première qualité, le milieu du corps a une valeur intermédiaire, et enfin les jambes et la tête ne sont plus que de la basse viande. Puisque nous voulons chercher à avoir beaucoup de bonne viande, il faudra nous efforcer de développer autant que possible la partie postérieure de l'animal, celle qu'on appelle vulgairement la culotte. Ainsi, pour nous, un animal aux jambes courtes, bien *culotté*, présentant une grande quantité de bonne viande, sera pour nous un type de beauté, bien que sa forme soit peu élégante.

Dans un animal de boucherie, les muscles ne doivent pas être nettement séparés, secs, dessinés comme dans un cheval de course, par exemple; leur tissu, au contraire, large, peu serré, doit pouvoir recevoir facilement la graisse qui s'interposera et constituera la viande marbrée, dont nous avons déjà parlé.

En maniant la peau d'un animal, on peut facilement apprécier cette disposition à l'engraissement, on doit sentir la peau rouler comme sur un coussin de graisse; la peau elle-même, sans être très-épaisse, ne doit pas être fine : une peau fine, en effet, résiste mal aux piqûres des insectes, l'animal est plus vivement blessé que si son cuir est un peu résistant; ces piqûres le rendent inquiet, furieux, toutes mauvaises conditions pour l'engraissement; il vaut mieux, en effet, que l'animal vive dans un repos absolu. — Il y a encore dans les autres parties de l'animal des caractères importants à constater, bien qu'ils soient moins généraux. On a remarqué, par exemple, que les cornes lisses et peu développées étaient un signe avantageux. Quand l'animal présente de grands fanons, que les plis qu'il a sur le poitrail sont très-abondants, c'est une preuve que l'appareil digestif est très-développé, et que la digestion est surtout intestinale, ce que l'on sait être très-mauvais. Chez les moutons, la disposition analogue n'est pas meilleure; ceux qui ont une grosse *cravatte* sont difficiles et coûteux à engraisser. Dans la nature, la prédominance de certains systèmes d'organes a pour contre-poids l'affaiblissement des autres; si nous développons beaucoup la chair musculaire, nous rendrons le système osseux beaucoup plus faible et beaucoup plus délicat; si nous cherchons à augmenter la culotte, les jambes, au contraire, seront peu développées. Il faut qu'il y ait concordance dans les différents caractères que nous donnons à l'animal; ainsi, un animal qui aurait de gros os et la peau très-fine serait évidemment délicat; si, au contraire, les os étaient très-faibles, et la peau très-épaisse, ce serait encore un mauvais signe.

La meilleure forme possible sera celle qui, étant compatible avec le corps de l'animal, permettra de lui donner le plus grand volume possible. Ainsi nous pouvons supposer que nous fassions passer des plans tangents aux flancs, au ventre et au dos de l'animal, d'autres plans perpendiculaires aux premiers qui raseront la queue et la tête; nous aurons alors notre animal inscrit dans un parallélipipède. On a remarqué que l'animal le mieux proportionné pour la production de la viande devait pouvoir être compris dans ce solide, lorsque la

Fig. 1. — Bœuf de race Durham.

base était un carré. — Plus l'animal remplira de place dans cette figure, moins il laissera d'espace vide dans les angles et le long des arêtes, et plus il s'approchera du type qu'on doit s'efforcer d'obtenir.

Une légère déviation dans la forme que nous venons d'indiquer est, en général, une assez grande présomption contre l'animal. Donc si, au lieu de présenter ce parallélipipède, les lignes s'inclinent de la croupe vers la tête, bien que les parties de la viande de première qualité soient toujours aussi abondantes, l'animal cependant aura toujours une valeur beaucoup moindre. Car la poitrine rétrécie annonce un petit estomac, et, comme nous l'avons dit, un animal mal nourri dans son enfance et qui par conséquent sera toujours mauvais consommateur, absorbe beaucoup de nourriture pour augmenter d'une petite quantité de poids. Si nous avons, au contraire, un animal développé par devant, mais dont les lignes s'inclinent vers l'arrière au lieu d'être horizontales, cette disposition prouve que le sujet est court de boyaux ; il est enlevé, suivant l'expression technique : dans tous les cas il donnera peu. Mais, comme nous l'avons dit, on n'arrive à ces résultats, on ne produit ces magnifiques bêtes de boucherie dont les animaux anglais sont le type qu'en voulant avoir de la viande et pas autre chose. Un simple examen du portrait ci-joint montre (*fig.* 1) que les animaux si riches en viande ne peuvent pas travailler. Les Anglais, qui ont compris tout ce qu'on avait tiré de la division du travail en industrie, ont apporté les mêmes principes dans l'agriculture. — Nous nous vantons de faire les deux choses : de produire des bœufs qui peuvent travailler et que nous livrons ensuite à l'engraissement.

Sans doute, nous faisons les deux choses, mais nous les faisons mal ; nos animaux qui doivent servir à deux fins ne peuvent pas être choisis exclusivement pour l'une, et par conséquent sont déjà trop massifs et trop empâtés pour être de bons travailleurs, tout en étant aussi trop osseux, trop haut portés sur leurs jambes pour s'approcher des races anglaises. Tout le démontre donc : il faut spécialiser. Quand on veut faire de la viande, il faut en faire et en faire exclusivement. Comme nous l'avons déjà dit, l'animal ne travaille bien que lorsqu'il est adulte, le cultivateur est donc obligé de l'attendre et de le nourrir pendant ce temps sans rien en tirer, et précisément à cause de cette espèce de non-valeur il est conduit à le nourrir mal ; en le nourrissant mal dans son enfance, il empêche qu'on arrive jamais facilement à l'engraisser, et, de plus, il perd le moment le plus précieux pour l'engraissement, celui où l'assimilation se fait le plus rapidement ! Avant que notre bœuf de travail ait traîné une seule fois la charrue, le bœuf anglais est déjà à moitié engraissé. La race anglaise qui paraît le mieux répondre à toutes les conditions d'une bonne race d'engraissement est la race à courtes cornes de Durham. Quant à l'industrie de l'engraissement du mouton, la race préférable est celle de Dishley. Enfin les porcs anglais sont aussi infiniment plus remarquables que les races hautes et maigres que nous voyons ordinairement sur le continent.

CHAPITRE VIII

DES RELATIONS DE L'ÉLEVAGE ET DE L'ENGRAISSEMENT DANS L'ESPÈCE BOVINE

Examinons maintenant quelles sont les conditions nécessaires pour que l'industrie de l'éleveur puisse avoir des chances de succès, et jetons un coup d'œil rapide sur la manière dont sont répartis, en France, l'élève et l'engraissement des bestiaux.

L'engraissement s'exerce sur les bœufs de différents âges, sur les moutons et les porcs; les chèvres sont très-rarement l'objet d'une industrie semblable. Les taureaux, à un certain âge, prennent d'eux-mêmes un certain embonpoint; mais ils sont durs à engraisser et ne font jamais l'objet d'une industrie spéciale. Il y a plusieurs conditions à étudier avant de savoir si cette industrie de l'engraissement pourra s'établir d'une façon lucrative.

Il faut d'abord posséder une quantité suffisante de fourrages appropriés, il faut connaître les animaux, savoir les choisir et distinguer leur plus ou moins grande aptitude à l'engraissement; enfin il faut trouver l'occasion d'acheter des animaux maigres et de revendre les bêtes grasses produites par son industrie. Ces conditions posées nettement, occupons-nous d'abord de voir dans quelles contrées nous les rencontrons au point de vue de l'engraissement des bêtes à cornes.

Les pays d'herbage et d'embouche sont particulièrement bien fournis de fourrages et rempliront facilement la première condition. Tels sont la Normandie et le Charollais, où nous rencontrons de grandes richesses ; sous ce point de vue l'exploitation y doit être particulièrement avantageuse. C'est dans ces conditions-là, c'est-à-dire dans le cas d'un pâturage abondant, comme dans le Calvados, que le problème se trouve le plus facilement résolu. Le Morvan présente aussi une richesse analogue. Mais des contrées dépourvues de pâturages peuvent se trouver cependant dans d'excellentes conditions par suite des industries qui s'exercent dans le pays ; ainsi le département du Nord et le Pas-de-Calais donnent à leurs bestiaux ces immenses quantités de pulpes de betterave qui proviennent de la fabrication du sucre.

En Belgique et en Allemagne, on a les résidus de distillerie de grains et de fabrication de la bière qui peuvent être très-lucrativement employés. Dans d'autres cas, quand la culture des racines est très-developpée, on peut nourrir le bétail soit avec les tiges, soit avec les racines mêmes. Dans la Bresse, en Vendée et dans le sud de l'Anjou, dans le Limousin, on se livre ainsi à l'engraissement du bétail en le nourrissant d'abord avec des fourrages et ensuite avec des racines.

Il arrive souvent que les contrées dont le sol est assez richement pourvu de pâturages pour se livrer à l'industrie de l'engraissement n'élèvent pas et sont obligées d'aller emprunter ailleurs les sujets sur lesquels elles doivent agir. La Normandie, par exemple, emprunte ses bestiaux pour l'engrais aux départements voisins; les bœufs de la Manche, de l'Orne et de la Mayenne vont s'engraisser dans le Calvados, mais ces contingents ne lui suffisent pas, et ce département va chercher des animaux jusqu'en Bretagne, dans l'Ille-et-Vilaine et la Loire-Inférieure. Le Charollais recrute ses animaux dans le pays même, dans le Morvan, le Bourbonnais et en Auvergne. La Bresse se recrute dans la Franche-Comté, et, par elle, jusque dans le Nord. Les races travailleuses du centre fournissent aussi des animaux maigres aux engraisseurs du Messin, dans le nord de l'Aveyron, à Daubrac. Le Chollet prend ses animaux autour de lui, dans Maine-et-Loire, le Poitou et le Berry.

Cette division de la production et de l'engraissement existera-t-elle ainsi toujours, ou bien, au contraire, ces deux opérations tendent-elles à se réunir? Dans l'intérêt du producteur et du consommateur cette division disparaîtra pour deux causes principales : la disparition, l'anéantissement des animaux de travail qui arrivera un jour, et la facilité des voies de communication. Nous avons trop répété, pour qu'il soit utile d'y revenir, que les races de travail mal nourries dans leur enfance improductrice ne produisaient jamais de bonnes races pour l'engraissement, et que, lorsque le consommateur plus exigeant demandera de la viande de meilleure qualité, on sera obligé d'élever exclusivement pour l'engrais. Au reste, les engraisseurs commencent déjà à rencontrer quelques difficultés à acquérir des animaux maigres; l'éleveur ne vend plus déjà que l'animal dont il n'espère pas bien, et il se réserve ceux qu'il croit pouvoir engraisser rapidement. Quand il ne gardera plus ses bœufs pour le travail, il profitera alors lui-même du jeune âge pour l'engraissement, et cet engraissement, il le fera en grande partie lui-même. Le développement des chemins de fer apportera aussi de grandes modifications dans l'industrie de l'engraissement. Ainsi autrefois, en Angleterre, les éleveurs du Nord vendaient leurs animaux aux engraisseurs du Sud qui se trouvaient plus à portée de Londres, et des grands centres de population où l'on pouvait trouver facilement à vendre gras ; mais maintenant que les chemins de fer et les bateaux à vapeur permettent des communications faciles, les éleveurs du Norfolk, du Cambridgshire et de Sussex engraissent eux-mêmes leurs animaux.

Nous avons vu qu'il fallait pour l'éleveur trouver non-seulement à acheter maigre, mais de plus qu'il fallait pouvoir vendre gras. Pour cela, il faut se trouver près d'un grand centre de population, et cependant il faut encore s'en trouver à une certaine distance ; car, trop près, le prix des fourrages, de la main-d'œuvre, etc., augmente considérablement.

Prenons un exemple : dans les départements voisins de Paris, le foin coûte 9fr.15 les 100 kilogrammes ; nous trouvons qu'en moyenne pour produire 1 kilog. de poids vif, il faut dépenser 18 kilog. de foin, ce qui donne 1fr.65, pour produire 1 kilog. de viande qui, en moyenne, ne se vend que 0fr.90 ; il y a perte de 0fr.75 sur chaque kilog. ; la spéculation est donc impossible dans ces conditions. L'éloignement est cependant aussi un grand sujet de perte, les animaux engraissés se transportent assez facilement, mais ils perdent beaucoup par la marche. Un éleveur du Norfolk, en Angleterre, a remarqué que, pour faire 45 lieues, un bœuf perdait 13 kilog., et un mouton 3 ; à ce taux, l'engraisseur perdait 50,000 fr. par an, il a trouvé le plus grand bénéfice à faire voyager ses animaux par le chemin de fer. Les animaux qui viennent à Paris perdent moins en général, car ils sont moins gros et moins gras ; mais, en admettant qu'ils ne perdent que le tiers de la perte des bestiaux anglais, nous serons dans le vrai. Cherchons, en établissant notre calcul sur ces bases, la perte annuelle de Paris, par exemple. On abat dans cette ville annuellement plus de 500,000 moutons et plus de 100,000 bêtes à cornes. Si chacune des premières perd 1 kilog. il y a 500,000 kilog. de perte, et pour les autres une perte de 4,400,000 kilog. Ces 500,000 kilog. de poids vif représentent environ 300,000 kilog. de viande comestible, et pour les bœufs les 400,000 kilog. donnent 230,000 kilog., ce qui nous fait par conséquent 530,000 kilog. de viande comestible perdus ; en prenant le prix moyen de la viande de mouton et de celle de bœuf, nous arrivons à une perte de 360,000 francs d'un côté, et de 267,000, de l'autre ; somme toute, 627,000 francs perdus dans une année. Or, en France, on ne consomme pas, par an et par tête, 20 kilog. de viande. Dans le département de la Seine, on en consomme environ 55 kilog. : donc avec cette perte de 530,000 kilog. on pourrait donner à 10,000 personnes la part de viande qu'elles ne consomment pas.

Il est certain que, lorsque nos cultivateurs comprendront la perte énorme que subissent leurs bestiaux par un long voyage à pied, ils n'hésiteront pas à les faire venir en chemins de fer, comme le font actuellement les éleveurs anglais.

Nous n'avons jusqu'à présent parlé que des bœufs, voyons maintenant les autres espèces de bêtes à cornes. Il y a un préjugé généralement répandu qui porte à faire croire mauvaise la viande de vache.

En effet, il arrive souvent que les vaches mal soignées sont livrées au boucher sans être engraissées, et elles ne donnent alors qu'une viande qui ne présente en effet aucune bonne qualité, les vaches étant la plupart du temps élevées en vue de la production du lait ; quand on peut produire ce dernier près d'un grand centre, la valeur en augmente considérablement et la spéculation peut être très-avantageuse. Le lait doit coûter 0fr.05 le litre pour le veau, 0fr.10 pour le fromage, et 0fr.15 quand il se vend en nature. Dans les environs de Paris, pour qu'une vache puisse être élevée avec économie, il faut qu'elle donne de 13 à 14 litres par jour ; quand elle n'en donne plus qu'une quantité inférieure, on la tarit, on lui donne le taureau, on la met en état, et on la vend. Cette spéculation exige nécessairement qu'on puisse se procurer facilement des vaches bonnes laitières ; les races normande et flamande fournissent à peu près exclusivement les animaux employés aux environs de Paris.

L'élève des veaux est soumis à certaines conditions qui le rendent lucratif ou onéreux ; il arrive souvent qu'on spécule sur le lait, soit pour le vendre en nature, soit pour le transformer en fromage, et alors les veaux se trouvent dans de mauvaises conditions pour l'engraissement ; aussi dans ce cas arrive-t-il qu'on les met rapidement en état et qu'on les vend. En général, le prix du lait, et la distance du centre pour lequel on engraisse, sont les deux conditions qui doivent guider l'éleveur; s'il est très-près du centre, le prix du lait augmentant considérablement, il ne pourra plus économiquement en donner à ses animaux; s'il est trop loin, au contraire, les frais de transport deviendront considérables; car on sait que les veaux ne se transportent pas eux-mêmes, mais qu'on est obligé de les voiturer jusqu'au lieu de leur consommation. Ces transports ne se peuvent faire que pour des villes où l'on saura apprécier la viande à sa juste valeur. A Paris, il entre trois veaux pour un bœuf; à Lyon, au contraire, il en entre quatre. Cependant, en somme, Paris consomme davantage, car les veaux qu'on tue ont ordinairement trois mois et sont bien nourris; tandis que ceux de Lyon n'ont qu'un mois, et ont été faiblement nourris. Autrefois, Pontoise était très-renommé pour ses veaux; aujourd'hui l'influence des chemins de fer se fait déjà sentir, et cette industrie s'est reculée sur un rayon un peu plus étendu. Les départements de Seine-et-Oise et de l'Oise, le Gatinais, la Beauce et la Brie sont maintenant les principaux centres de cette industrie. Les veaux consommés à Paris sont ordinairement de race cotentine ou flamande.

CHAPITRE IX

ENGRAISSEMENT DE L'ESPÈCE OVINE

Passons maintenant à l'engraissement du mouton. C'est un des problèmes les plus délicats et les plus compliqués de l'industrie agricole. En effet, à la question de production de la viande se joint celle de production de la laine. Y en a-t-il une des deux qu'il faille protéger contre l'autre, ou sont-elles également importantes? En admettant une différence d'utilité dans ces deux productions, quelle est celle qui doit obtenir la préférence? Telles sont les questions que nous devons résoudre.

On distingue deux espèces de laine, l'une courte, frisée, élastique et fine, c'est celle qu'on appelle laine de carde; l'autre, au contraire, longue, plus résistante et plus grosse, c'est la laine de peigne; la première, due à des moutons à toison tassée, est recherchée spécialement pour la fabrication des draps.

Au reste, indépendamment des races, les causes extérieures influent considérablement sur la qualité des laines : l'alimentation des moutons, leur mode d'habitation, la sécheresse ou l'humidité, sont autant de causes qui agissent beaucoup sur cette production. Il faut y ajouter encore les conditions économiques, dans les pays où la culture est peu avancée, où le sol a peu de valeur, où la population est très-clair-semée, où de grands espaces sont abandonnés au parcours. Dans ces pays, on pourra produire de la laine avec avantage. Au contraire, lorsque les populations sont très-denses, le terrain cher et bien cultivé, le parcours sera souvent impossible, et il sera plus lucratif de produire de la laine. Ainsi, nous le voyons dès le début, on ne saurait répondre d'une façon absolue aux questions que nous nous sommes posées d'abord ; il y a un grand nombre de causes à observer. Cependant on arrive à ces conclusions : on ne peut pas produire de la laine fine en même temps que de la viande; on ne produit la laine très-fine que dans les pays où l'on peut tenir presque constamment les animaux à la bergerie ; et, quand on peut leur donner le parcours, alors on en obtient de la laine moyenne.

Comparons ce qu'est l'industrie moutonnière chez nous et chez nos voisins les Anglais et les Allemands. En France, de même que pour les bêtes à cornes avec lesquels nous avons voulu obtenir de la viande et du travail, nous avons élevé les moutons pour la viande et pour la laine ; c'est même de ce côté que se sont tournés toujours les efforts du gouvernement, depuis Colbert jusqu'à l'Empire; c'est de l'amélioration de la laine qu'on s'est occupé. On a introduit avec beaucoup de peine les mérinos ; nos éleveurs qui les repoussaient d'abord avec antipathie les ont ensuite accueillis avec enthousiasme, et on a eu le mérinos (*fig.* 2) partout où l'on a pu. Nos laines se sont améliorées ; mais, après avoir été recherchées dans nos fabriques, elles ont subi une certaine dépréciation, de manière que, actuellement, cette

Fig. 2. — Bélier mérinos.

production de la laine est loin de donner les résultats qu'on avait obtenus d'abord. On s'est alors tourné vers la production des races de boucherie, et on a déjà produit une race anglaise par le bélier, française par les brebis, la race de la Charmoise, qui donne de beaux résultats au point de vue de la boucherie. Nous avons obtenu aussi une race, dite de Mauchamp (mérinos pur), qui, sous l'influence de certaines causes, a transformé sa laine ; elle s'est rapprochée des laines longues et présente des qualités remarquables. Cette race, qui se répandra avec le temps, n'est pas encore très-remarquable pour la boucherie, bien qu'elle ait déjà fait des progrès dans ce sens.

Comme on le voit, la question en France est encore pendante; nos éleveurs ne sont pas entrés franchement dans une certaine voie, ils essayent de concilier les deux productions.

En Allemagne, les deux produits sont assez nettement séparés ; dans le Nord, où les hivers sont froids, où l'on tient les animaux à la bergerie, on est conduit à faire de la laine fine; dans le Sud, au contraire, bien que la viande de mouton soit peu recherchée, la facilité des parcours dans les montagnes est assez grande pour qu'on tienne simplement le mouton pour la boucherie, et pour que la laine soit considérée comme un produit secondaire dont la valeur peut être nulle sans empêcher les bénéfices.

Les Anglais ont nettement séparé le problème, ils font chez eux exclusivement de la viande. A l'époque du grand succès du mérinos, ils l'ont essayé, mais ils ont découvert bien vite qu'il ne convenait pas à leur pays et ils l'ont abandonné pour se livrer à l'engraisse-

Fig. 3. — Moutons Leicester ou Dishley.

ment; ils ont produit deux races de boucherie répondant aux différents besoins de la pratique agricole, l'une pour les plaines, la race Dishley ou Leicester (*fig.* 3), l'autre pour les montagnes, la race Cheviot. Non-seulement les besoins de la consommation poussaient l'Angleterre à faire des bêtes de boucherie, mais de plus son climat maritime, auquel les grands froids sont inconnus, lui permet de garder toujours les bêtes aux champs, et il y aurait eu dès lors grande difficulté à obtenir des laines fines. Les Anglais ont donc réservé la production de la laine à leurs colonies. Leurs vastes possessions de l'Océanie, la Nouvelle-Hollande avec ses immenses espaces encore incultes, leur a permis de donner le parcours à de nombreux troupeaux qui envoient leur laine à la mère patrie; ces races sont cultivées par les Anglais avec autant de soin que celles qu'ils élèvent pour la viande dans la Grande-Bretagne. Il est triste de le dire, mais dernièrement encore, dans une vente de béliers Mauchamps faite dans un de nos établissements impériaux, la moitié des animaux ont été achetés par les éleveurs de la Nouvelle-Hollande.

Quelques chiffres vont encore nous montrer la différence des produits entre les Anglais et nous. Nous possédons environ 35,000,000 moutons et nos voisins en ont autant; nos moutons fournissent, ainsi que les leurs, environ 65,000,000 kilog. de laine par an; mais, au point de vue du rendement en viande, nous sommes bien en arrière. Nous tuons par an 7,000,000 moutons qui, en moyenne, ne pèsent que 18 kilog.; nous produisons donc seulement 126,000,000 kilog. de viande. L'Angleterre tue annuellement 10,000.000 moutons dont le poids est de 36 kilog. en moyenne, ce qui donne 360,000,000 kilogrammes de viande. Cette énorme différence est due à deux causes : les Anglais tuent leurs moutons plus tôt que nous ne tuons les nôtres, et, au point de vue de l'engraissement, leurs bêtes sont infiniment supérieures à celles que nous produisons ; elles pèsent le double des nôtres. Avec cet immense bénéfice, l'Angleterre peut donner sa laine presque pour rien ; pour que nous puissions rétablir l'équilibre, il faut spécialiser, et entrer franchement dans la voie de l'amélioration des races ovines au point de vue de la boucherie.

Quelles sont les conditions dans lesquelles il est avantageux d'engraisser les moutons ?

Il faut choisir avec soin les pâturages qu'on destine aux bêtes à laine ; des prairies humides leur seraient extrêmement défavorables, ils y prennent la pourriture et meurent. D'un autre côté, les pâturages très-riches sont spécialement réservés pour les bêtes à cornes ; il faut donc choisir pour les moutons des lieux secs et trop pauvres pour les bœufs. Il est quelquefois difficile d'engraisser dans ces conditions, cependant on y arrive quand on peut mener les animaux à la montagne, ou donner un supplément à l'étable. En général, les engraisseurs trouvent facilement à prendre des bêtes dans les troupeaux d'élève, ils les choisissent presque tous de deux ou trois ans. — En France, les moutons sont répandus sur presque toute la surface du sol, mais les races mérinos occupent spécialement la partie supérieure et inférieure du Rhône, et de plus la haute Seine et les bords de la Marne, de l'Aisne et de l'Oise.

CHAPITRE X

ENGRAISSEMENT, COMMERCE ET ÉLEVAGE DE L'ESPÈCE PORCINE

Après avoir passé en revue les bœufs et les moutons au point de vue de l'engraissement, nous devons nous occuper du porc; nous le ferons en donnant en outre des détails sur son commerce et son élevage.

Pays propres à l'industrie du porc. — La destinée naturelle du porc, le seul but dans lequel il puisse être élevé est l'engraissement. Au reste, cette opération est infiniment plus simple que toutes celles dont nous nous sommes occupés jusqu'à présent. Le porc s'accommode de tout, on peut le nourrir avec les résidus que refusent les autres animaux; aussi son engraissement se retrouve-t-il dans toutes les grandes ou petites exploitations; le porc forme la base de l'alimentation des habitants de la campagne. Le succès de cet engraissement est toujours assuré, pourvu qu'on sache combiner ses ressources avec le nombre d'animaux à élever; cependant, quand on fait de cette opération une spécialité, il y a certaines conditions qui la dominent. Elles dépendent de la nature des cultures, de la nature du sol; enfin, de la situation industrielle du pays où se fait l'exploitation.

La nature des cultures est fort importante. Quand on

cultive les pommes de terre, les navets et autres racines, les porcs consomment les parties qui sont rejetées ; dans la culture des céréales ils peuvent se nourrir avec les chaumes, avec les grains vides, enfin on peut mettre à profit le voisinage des forêts en récoltant les glands et les faînes, dont les porcs s'accommodent très-bien.

Certains pâturages marécageux, humides, ne conviennent pas aux moutons, comme nous l'avons vu ; ils sont au contraire très-profitables pour les porcs. Nous devons, ici, dire deux mots d'une opinion trop généralement répandue : on attribue aux porcs le goût de se vautrer dans la fange, dans les eaux boueuses, c'est une erreur; le porc ayant une peau épaisse, dure, éprouve le besoin de la mouiller souvent, mais c'est là le seul instinct qui le porte à se rouler dans les mares ; s'il trouvait de l'eau propre, il s'en servirait absolument de la même façon.

Enfin, c'est surtout dans les pays où se trouvent de grandes exploitations industrielles que l'engraissement du porc est avantageux. Il peut, en effet, se nourrir de tous les résidus de fabrication qu'on ne peut mieux employer. Le voisinage des grandes villes lui est aussi très-profitable ; les résidus de cuisine, la chair de cheval, les têtes de moutons sont des produits convenant parfaitement à la voracité des porcs.

Dans cette industrie, comme dans toutes les autres où il s'agit d'engraissement, les Anglais nous sont supérieurs. En France, certaines races de porcs sont renommées pour leur facilité à la marche, mais c'est en faire un médiocre éloge. Les races les plus estimées sont la craonnaise (*fig.* 4) et la normande (*fig.* 5) ; celle-ci manque évidemment de la bonne conformation que l'on trouve dans les races anglaises (*fig.* 6 et *fig.* 7).

L'industrie du porc, plus que toutes les autres, subit de grandes oscillations dans le nombre des têtes, et par conséquent dans leur valeur ; les porcs sont doués d'une très-grande vertu prolifique, ils se multiplient avec une extrême facilité, la truie ne porte que cent quinze jours et fait chaque fois de huit à neuf petits. Le prix des pommes de terre, des grains, influe beaucoup aussi sur le prix des porcs ; car il est telles circonstances où leur engraissement pourrait devenir onéreux. En général, en calculant bien ses ressources, en restant un peu au-dessus du nombre de têtes qu'on peut nourrir, on ne sera pas exposé à ces grandes pertes amenées par la baisse inattendue des produits.

De la vente des porcs. — Nous venons d'étudier dans les différentes races les trois conditions de l'engraissement : ressources pour engraisser ; moyen d'acheter maigre ; facilité de vendre gras.

Pour cette dernière opération, nous l'avons déjà dit, il y a tout avantage à vendre à un grand centre de population ; mais, pour en arriver là, il faut surtout des communications rapides et économiques. L'établissement d'un réseau de chemins de fer couvrant toute la France sera donc, outre tous ses autres avantages, d'une importance extrême pour l'agriculture.

Au début de notre étude sur l'engraissement, nous avons étudié les aliments fondamentaux, et nous les avons distingués des aliments accessoires. Nous avons vu que les fourrages étaient encombrants, qu'ils devaient former la base de l'alimentation, tandis qu'on devait, dans certains cas, ajouter aux fourrages des aliments accessoires très-nourrissants sous un certain volume, contenant une grande quantité de matières grasses ou azotées.

Parmi ces aliments accessoires, nous avons jusqu'à présent laissé de côté les résidus de fabrication ; nous devons aussi étudier la valeur de ces différents aliments.

Les industries dont les résidus peuvent être utilisés par l'éleveur sont les suivantes : 1° meunerie ; 2° sucrerie ; 3° brasserie ; 4° distillerie ; 5° huilerie ; 6° laiterie et fabrication des fromages.

La meunerie a pour but de moudre les grains, cette opération détermine deux produits différents, la farine et le son ; c'est cette dernière substance qu'on peut donner au bétail. La richesse du son sera nécessairement en raison inverse de la perfection des procédés employés pour la fabrication de la farine ; il aura une valeur nutritive assez grande, si on le sépare de la farine en une seule opération ; mais si on le reprend à plusieurs fois, il ne conserve plus que la matière grasse et une partie du gluten, et il a perdu tout son amidon.

Dans l'extraction du sucre de betteraves, on râpe ces racines à l'aide d'un cylindre dévorateur, on mélange les pulpes avec une certaine quantité d'eau et on les soumet à l'expression ; quand elles ne donnent plus rien, on les rejette de côté, et c'est alors que l'engraisseur peut s'en emparer. Il est évident que la pulpe ainsi exprimée contient une quantité de matières grasses et azotées plus grande que la betterave elle-même, puisqu'elle a perdu seulement son eau et son sucre ; ces pulpes de betteraves pourront donc être un excellent aliment pour le bétail. On les conserve en silos, elles se dessèchent et subissent quelquefois un commencement de fermentation que nous avons vu être plus utile que nuisible au bétail. Les mélasses provenant de la fabrication du sucre peuvent être également très-utilement employées, quand on n'en fait ni alcool ni carbonate de potasse en les incinérant. Ces mélasses se vendent ordinairement de 5 à 10 fr. les 100 kilogrammes, mais leur utilité est telle qu'il serait encore avantageux de les donner aux bestiaux en les payant de 15 à 20 fr. Pour les administrer, on hache de la paille, du foin ou de la luzerne, et on mêle la mélasse avec 5 ou 6 fois son poids d'eau chaude.

L'industrie du brasseur ou la fabrication de la bière fournit aussi au bétail plusieurs résidus utiles. La première opération, dans cette fabrication, est le mouillage, qui a pour but de donner aux grains une quantité d'humidité suffisante, pour qu'ils puissent commencer à germer ; les grains vides qui se rencontrent toujours en quantité notable surnagent et fournissent déjà un premier résidu utile aux bestiaux. Pendant la germination des grains, qui a pour but d'y développer une certaine quantité de diastase, principe qui détermine la transformation de l'amidon en glucose, la radicelle et la gemmule, premiers organes de la jeune plante, apparaissent ; ils sont inutiles à la fabrication de la bière et on les sépare encore pour le bétail. Quand on a transformé l'orge en malt et qu'elle a communiqué à la bière des principes sucrés, on décante le liquide et il reste un résidu nommé drèche, qui, au point de vue de l'alimentation, présente les mêmes propriétés que les grains, à part une certaine quantité de principes amylacés qui ont servi à la préparation de la bière.

Les fabriques de fécule donnent aussi un résidu de gluten très-nutritif et utilement employé pour les bestiaux. On séparait autrefois ce gluten de l'amidon en déterminant la fermentation du premier principe, les résidus étaient alors très-pauvres; mais actuellement la chimie a fait des progrès suffisants pour qu'on puisse facilement séparer les deux principes sans les altérer.

Dans les huileries, il reste des tourteaux après l'extraction des huiles; ces tourteaux très-riches en matières azotées et contenant encore des matières grasses sont un excellent aliment.

Dans la fabrication du beurre et dans celle du fromage, il reste toujours, comme résidu, la matière connue sous le nom de petit-lait. Cette matière, qui est le résidu du lait, lorsqu'on a extrait la matière grasse pour faire le beurre, la matière caséeuse pour faire le fromage renferme une quantité assez faible de ces deux principes, et en renferme d'autant moins, que les manipulations sur le beurre ont été faites avec plus de soin. Ce petit-lait, soit naturel, soit soumis à l'ébullition, peut fournir un aliment très-bon pour les bestiaux et notamment pour les porcs.

Importation. — Les renseignements fournis par les registres des douanes que nous allons analyser commencent à 1827 et finissent à 1858 inclusivement. — Pendant cette période de trente-deux ans, deux législations ont été appliquées : celle de 1826, durant vingt-six ans, de 1827 à 1852 inclusivement ; et celle de 1853, durant les cinq années complètes de 1854 à 1858 ; l'année 1853 se place entre ces deux époques, comme transitoire, appartenant à la première pour plus de huit mois.

De 1827 à 1852 inclusivement, sous le régime de l'ancien tarif, l'importation des *porcs* a été continuellement en décroissant en nombre. En prenant la moyenne décennale de 1827 à 1836 pour unité, on trouve que cette décroissance est représentée par 0.97 pour la période décennale de 1837 à 1846, et par 0.44 pour la moyenne des six années 1847 à 1852. Du commencement à la fin du temps pendant lequel l'ancien tarif fut en vigueur, l'importation des *porcs* avait donc diminué à peu près de moitié.

Dès que le nouveau tarif fonctionne, en réduisant le droit de 12 francs à 25 centimes, c'est-à-dire de 48 à 1, l'importation des *porcs* commence à augmenter. Dans l'année mixte de 1853, elle devient presque triple de ce qu'elle était en moyenne pendant les dernières années précédentes, et quand ce nouveau tarif est en pleine activité, durant les cinq années de 1854 à 1858, elle arrive à une moyenne plus que décuple du chiffre moyen des mêmes précédentes années. Du jour au lendemain, pour ainsi dire, l'importation des *porcs* s'est donc élevée de 1 à plus de 10. C'est là un fait qui ne peut être attribué qu'à l'influence des nouvelles mesures douanières et qui contraste vigoureusement avec la loi de décroissance que les importations suivaient précédemment.

Pour les *cochons de lait*, l'importation annuelle a constamment diminué de 1827 à 1858. Le tarif de 1853 réduisant le droit de 40 centimes à 10, c'est-à-dire de 4 à 1, ne portait pas sur des sommes assez fortes pour que son influence ait été aussi sensible qu'elle l'a été sur l'importation des porcs. La moyenne des années du nouveau régime n'atteint pas les deux tiers de la moyenne annuelle pour la période décennale de 1827 à 1836.

Cependant le nouveau tarif semble avoir eu pour

Fig. 4. — Porc craonnais.

effet sinon de suspendre, du moins de ralentir la marche décroissante dans l'importation des cochons de lait. Ainsi, en prenant pour unité l'importation moyenne de la période décennale 1827-36, on trouve que l'importation moyenne est représentée par 0.93 pour la période suivante, de 1837-46 ; par 0.70 pour la période de 1847-52 ; par 0.641 pour l'année de transition 1853 ; et par 0.639 pour la moyenne des cinq années 1854-58. La réduction opérée par le nouveau tarif paraît donc avoir eu un résultat analogue pour les cochons de lait et pour les porcs, bien qu'il soit moins accusé par l'importation des premiers.

En comparant le chiffre d'importation des porcs à celui des cochons de lait, on voit que le dernier est resté constamment supérieur au premier. Cependant, l'augmentation considérable que le nouveau tarif a déterminée dans l'importation des porcs, et le ralentissement qu'il a occasionné dans le décroissement de l'importation des cochons de lait, ont dû avoir pour conséquence de rapprocher les deux chiffres l'un de l'autre dans ces dernières années. Ainsi, l'importation des cochons de lait a été près de seize fois celle des porcs, dans la période décennale de 1827 à 1836 ; quinze fois, dans la période décennale suivante de 1837 à 1846 ; vingt-cinq fois, dans la période de six années, de 1847 à 1852 ; elle ne l'est plus que huit fois dans l'année intermédiaire de 1853 ; elle ne l'est qu'un peu plus de deux fois, de 1854 à 1858.

Le précédent tarif avait donc pour effet de laisser l'importation des cochons de lait dominer de beaucoup l'importation des porcs ; le nouveau rapproche davantage les deux importations.

EXPORTATION. — Depuis la loi de 1822, les droits à la sortie n'ont pas changé pour les *porcs* et pour les *cochons de lait :* ils sont restés de 25 centimes pour les premiers, et de 10 centimes pour les seconds ; les chiffres fournis par les documents administratifs depuis 1827 appartiennent donc à un même régime.

De 1827 à 1858 l'exportation moyenne par an a constamment augmenté pour les *porcs* et pour les *cochons de lait ;* pour les uns comme pour les autres, elle a presque doublé du commencement à la fin de cette période de trente-deux années.

La marche ascensionnelle de l'exportation n'a reçu aucune impulsion nouvelle de l'application du nouveau tarif ; elle a continué de suivre sa loi. On ne pourrait donc pas trouver, dans les faits relatifs à l'espèce porcine, une preuve en faveur de l'idée qui veut que l'importation libre soit le prix auquel on paye l'exportation libre.

L'exportation des porcs est restée toujours plus élevée que celle des cochons de lait, et les nombres qui expriment l'un et l'autre ont gardé entre eux un rapport peu différent. Ainsi, pour la période décennale de 1827-36, l'exportation des cochons de lait est à l'exportation des porcs, comme 1 est à 1.26 ; pour la période quinquennale (1854-58), les mêmes exportations sont l'une à l'autre comme 1 est à 1.30.

IMPORTATION ET EXPORTATION COMPARÉES. — En établissant la balance des importations et des exportations pour les *porcs*, on trouve les résultats suivants. Si l'on rapprochait les chiffres qui représentent le total des importations et le total des exportations pour la période de trente-deux ans, comprise de 1827 à 1858 inclusivement, on verrait qu'il a été importé 433,266 porcs, et qu'il en a été exporté 648,870 ; on pourrait être conduit à en conclure que l'*exportation* dépasse l'*importation* de 215,604 têtes, c'est-à-dire, qu'elle a été 3 quand l'importation était 2. Mais cette conclusion ne représenterait pas l'état réel de nos relations commerciales en cette matière ; pour connaître notre situation, il faut rapporter les faits à chacune des législations sous lesquelles ils se sont produits.

De 1827 à 1852, durant les vingt-six années du régime douanier établi par la loi de 1826, il a été importé en France 208,046 porcs, et il en a été exporté 504,304. L'excès des *sorties* sur les *entrées* s'est donc élevé, pour cette période, à 296,258 porcs, soit à 11,395 porcs par année moyenne ; l'exportation était donc 2.42, tandis que l'importation était 1.

En 1853, année de transition, l'exportation des porcs continue de l'emporter sur l'importation, et l'excès est de 10,592 têtes.

Mais, de 1854 à 1858 inclusivement, durant cinq années du nouveau régime, l'importation des porcs s'est élevée au total de 213,064 et l'exportation a été de 122,018 ; les *entrées* dépassent ainsi les *sorties* de 91,246 têtes, soit de 18,249 par année moyenne. L'excès des importations sur les exportations est donc, sous ce nouveau régime, beaucoup plus considérable que n'était l'excès des sorties sur les entrées sous le régime précédent. Cette interversion si marquée dans les différences provient uniquement de l'augmentation sans précédent dans les entrées ; car l'exportation n'a pas cessé de suivre, comme nous l'avons vu, sa marche

Fig. 5. — Porc normand.

progressivement ascendante. La France exporte plus de porcs qu'elle n'en exportait, mais elle en importe incomparablement plus que précédemment et plus qu'elle n'en exporte.

Quant aux *cochons de lait*, nous avons vu que le nouveau tarif à l'importation n'a que peu modifié la marche postérieure des faits ; on peut donc en comparer l'importation et l'exportation, en considérant comme une période continue, l'intervalle de 1827 à 1858.

Durant cette période de trente-deux ans, il a été importé 3,945,523 *cochons de lait*, et il en a été exporté 476,340. L'importation totale dépasse donc l'exportation totale de 3,469,183 têtes, c'est-à-dire qu'elle est 8.28 quand l'exportation est 1. L'excès de l'importation sur l'exportation est de 108,412 par année moyenne.

Mais il s'en faut que cet excès ait été moyennement uniforme ; il a été de moins en moins considérable, du commencement à la fin de la période de trente-deux ans (1827-1858). Ainsi, l'excès, par année moyenne, des importations sur les exportations a été de :

132,929	pour la période	décennale	1827-36 ;
119,805	—	—	1837-46 ;
85,094	—	sexennale	1847-52 ;
80,604	pour l'année		1853 ;
73,838	pour la période	quinquennale	1854-58.

Ainsi, bien que nos importations de *cochons de lait* aient été constamment supérieures à nos exportations, la différence entre ces deux mouvements a été progressivement décroissante ; elle était de 133,000 têtes au début ; elle n'est plus que de 74,000 têtes à la fin. Ce fait résulte de ce que le chiffre de nos importations a continuellement diminué, en même temps que celui de nos exportations a continuellement augmenté.

Le résumé de notre statistique actuelle pour l'espèce porcine se présente de la manière suivante :

Pour les *porcs*, les entrées dépassent les sorties de 18,250 têtes, par année moyenne ;

Pour les *cochons de lait*, les entrées dépassent les sorties de 73,840 têtes, par année moyenne.

L'excès des entrées sur les sorties est donc, pour les cochons de lait, quatre fois ce qu'il est pour les porcs.

PAYS DE PROVENANCE ET DE DESTINATION. — Pour les *porcs*, sous le régime douanier précédent, de 1827 à 1852 inclusivement, c'est par la Belgique que l'*importation* a eu surtout lieu : 70 à 80 pour 100 de la quantité totale importée provenaient de ce pays. Les pays allemands nous envoyaient 10 pour 100 environ de notre importation totale ; les États sardes figuraient pour une fraction un peu moindre. Le reste, c'est-à-dire 2 pour 100 à peu près, provenait de la Suisse, de l'Espagne, de l'Algérie et de quelques autres pays.

Quand le décret de 1853 abaissa les droits à l'entrée, les États sardes et les pays allemands entrèrent tout d'abord en concurrence avec la Belgique pour l'approvisionnement de notre consommation intérieure, et chacun de ces pays nous envoya, en 1853, une quantité à peu près égale de porcs, soit chacun 31 pour 100 de l'importation totale. L'Espagne nous en fournit, cette même année, 6 pour 100, les autres provenances entrèrent ensemble pour environ 1 pour 100 dans notre fourniture totale.

Mais, dans les cinq années suivantes, de 1854 à 1858,

années de pleine vigueur du nouveau tarif, la Belgique, sans reprendre l'ancienne prépondérance qu'elle avait sous le régime précédent, se replaça en tête, en laissant aux autres pays une part plus large dans notre approvisionnement. Dans cette période, la Belgique nous a fourni plus de 48 pour 100, les pays allemands nous ont envoyé un peu moins de 23 pour 100, les États sardes, 11 pour 100, l'Espagne, 8 1/2 pour 100 de notre importation totale. L'Algérie et les autres pays nous ont fourni l'appoint de 9 pour 100 pour compléter les entrées de notre commerce spécial. Dans ces dernières années la Toscane a pris, parmi les pays importateurs de porcs, une place voisine de celle des États sardes.

Le nouveau tarif semble donc avoir eu pour résultat de détourner vers notre frontière une certaine quantité de *porcs,* que l'Allemagne, les États sardes, la Toscane, l'Espagne, la Suisse écoulaient vers d'autres marchés. La Belgique elle-même, si elle a vu un peu s'abaisser la fraction pour laquelle elle figurait dans l'apport total, n'a perdu qu'en importance relative, car elle nous a envoyé aussi une quantité absolue de porcs beaucoup plus considérable que par le passé, seulement elle a pu produire un effort relativement moindre, précisément en raison de la position prépondérante qu'elle avait précédemment acquise.

Pour les *cochons de lait,* la Belgique est encore notre principal fournisseur; elle entre pour 70 à 80 pour 100 dans notre importation totale. Les États allemands nous envoient 20 pour 100 environ, la Suisse, 2 pour 100, les États sardes et l'Espagne, chacun 1 1/2 pour 100 à peu près, la Toscane, 1 pour 100 environ de la quantité totale des *cochons de lait* introduits pour notre consommation indigène. Cette situation relative actuelle de nos fournisseurs s'est un peu modifiée dans le cours de la période qui s'est écoulée de 1827 à 1858 : la Belgique, la Suisse, les États sardes, la Toscane, ont pris en dernier lieu une part plus grande que précédemment; les États allemands ont perdu en importance; l'Espagne est constamment restée sensiblement au même point.

En résumé, la Belgique tient le premier rang parmi nos fournisseurs de *porcs* et de *cochons de lait*, sa prépondérance est plus marquée pour l'importation des derniers que pour celle des premiers. Les États allemands se placent en deuxième ligne, par une importance à peu près égale pour les porcs et pour les cochons de lait. Les États sardes, l'Espagne, la Suisse, la Toscane prennent rang à une grande distance de nos deux premiers fournisseurs.

A l'*exportation*, c'est la Suisse qui est et qui a été notre principal débouché pour les porcs, de 1827 à 1858; nous lui envoyons maintenant 50 pour 100 de notre exportation totale, elle ne recevait, dans les premiers temps de cette longue période, que 40 pour 100. Les 50 pour 100 des dernières années (1854-58), s'élèvent à 12,143 porcs par année moyenne; les 40 pour 100 de la première période décennale étaient représentés par 5,991 têtes, moitié du chiffre actuel. L'importance de ce débouché a donc grossi relativement et absolument.

L'Angleterre est, après la Suisse, mais à une assez grande distance, notre seul débouché pour les porcs; elle nous demande, année moyenne (1854-58) 14 p. 100 de notre exportation totale, soit 3,389 porcs. C'est de 14 à 20 p. 100 que son importance relative a oscillé depuis 1837. Antérieurement, durant la période décennale de 1827 à 1836, elle ne recevait que 9 p. 100, soit 1,357 têtes par année moyenne.

Après l'Angleterre, c'est la Belgique qui est aujourd'hui (1854-1858) notre troisième débouché ; elle reçoit 11 p. 100 de notre exportation totale, soit 2,676 têtes par année moyenne. Mais cette position récente est tout à fait exceptionnelle, par rapport au passé. Précédemment, en effet, la Belgique ne recevait guère que 1 p. 100 de notre exportation en porcs, soit 155 têtes par année moyenne, de 1827 à 1836. Elle a donc subitement pris une importance relative et absolue tout à fait extraordinaire dans nos débouchés en porcs, et nous demande maintenant (1854-58) dix-sept fois plus de porcs que précédemment (1827-36).

L'Espagne et les États sardes se placent après la Belgique et tout près d'elle ; chacun de ces deux pays reçoit 10 p. 100 de notre exportation totale, soit 2,450 têtes par année moyenne (1854-58). Leur position s'est modifiée pour arriver à cette égalité actuelle. L'Espagne a perdu sensiblement de son importance relative, car elle figurait précédemment pour 40 et pour 25 p. 100 dans notre exportation totale de porcs ; elle a perdu aussi de son importance absolue, car, dans la période décennale de 1827 à 1836, elle recevait, année moyenne, 5,800 porcs, c'est-à-dire plus que le double de ce qu'elle reçoit aujourd'hui. Les États sardes ont passé par des positions qui ont oscillé autour de 9 et de 7 p. 100 ; ils figuraient, de 1827 à 1836, pour 9 p. 100 dans notre exportation totale, soit par un nombre moyen de 1,366 têtes par an. Ils ont donc pris un peu plus d'importance relative, et plus d'importance absolue.

Fig. 6. — Porc anglais dit de petite race.

L'association allemande reçoit 2 p. 100 de notre exportation totale, soit 496 têtes par année moyenne (1854-58). Ce n'est même que récemment qu'elle a pris une position relative aussi élevée ; nous ne lui envoyions que fort peu de porcs, et, dans la période décennale de 1827 à 1836, elle ne recevait qu'environ 1 p. 100, soit 176 têtes par année moyenne.

Les autres pays, parmi lesquels les États-Unis, reçoivent l'appoint de 3 p. 100 de notre exportation totale.

Ainsi la Suisse, qui ne nous envoie pas ou presque pas de porcs, est le pays qui nous en demande le plus. L'Angleterre, qui ne nous envoie que des reproducteurs, en quantité importante pour l'amélioration de nos produits, mais presque nulle dans le chiffre total de nos importations, nous demande beaucoup de porcs. La Belgique nous envoie plus de sept fois plus de porcs qu'elle ne nous en demande, et elle prend dans nos exportations une importance quatre fois moindre que dans nos importations. L'importation relative de l'Espagne et celle des États sardes surtout restent à peu près pour l'exportation ce qu'elles sont pour l'importation. L'association allemande, presque nulle au point de vue des exportations, a le second rang pour les importations.

Pour notre *exportation* de *cochons de lait*, c'est encore la Suisse qui est notre principal débouché, et son importance est de 49 p. 100 de notre exportation totale, c'est-à-dire à peu près ce qu'elle est pour notre exportation en porcs. La quantité moyenne est de 10,981 têtes par année moyenne. Ces chiffres se rapportent aux deux années 1857 et 1858 ; précédemment sa position relative était plus grande, elle s'exprimait par 63 et 77 p. 100, mais la quantité absolue était sensiblement la même. Si donc le rapport a baissé dernièrement, c'est que le chiffre de nos exportations en cochons de lait s'est élevé.

Les États allemands nous demandent près de 31 p. 100 de notre exportation totale, soit 6,912 cochons de lait par année moyenne (1857-58). Dans la période décennale précédente (1847-56), ils ne recevaient que 15 p. 100 de notre exportation totale, et c'était déjà un accroissement sur le passé, car ils n'avaient reçu antérieurement que 6 et 7 p. 100. De 1827 à 1836, la quantité absolue qu'ils nous demandaient était de 900 têtes; ils nous en demandent aujourd'hui sept à huit fois plus.

La Belgique reçoit 10 p. 100 de notre exportation totale, soit 2,300 têtes par année moyenne (1857-58). C'est beaucoup plus que par le passé; car, dans la période décennale de 1847 à 1856, elle ne reçut que 4.5 p. 100, soit 716 têtes par année moyenne; et dans la période de 1837 à 1846, moins de 2 p. 100, soit 575 têtes. Elle était presque nulle précédemment, car elle ne recevait que 90 têtes par année moyenne de 1827 à 1836.

Les États sardes et l'Espagne reçoivent à peu près autant l'un que l'autre; les premiers 5 p. 100, et la seconde 4.8 p. 100 de notre exportation totale, soit 1,107 et 1,073 cochons de lait par année moyenne (1857-58). Pour l'Espagne, c'est à peu près une position moyenne constante depuis une trentaine d'années; pour les États sardes, c'est une diminution notable et constante pendant le même temps. En effet, l'Espagne figurait pour près de 15 p. 100 dans nos exportations totales, de 1827 à 1836, soit pour 5,800 cochons de lait par année moyenne.

Les autres pays figurent pour des quantités insignifiantes, et pour une importance relative qui n'atteint guère que 1/2 p. 100 dans nos exportations totales.

Ainsi nos débouchés pour les cochons de lait se classent de la manière suivante : Suisse, 49 p. 100, Association allemande 31 p. 100, Belgique 10 p. 100, États sardes 5 p. 100 et Espagne 4.8 p. 100. La Suisse a une importance relative de premier ordre, à peu près égale dans nos exportations de cochons de lait et dans nos exportations de porcs. Les États allemands nous demandent beaucoup de nos cochons de lait et excessivement peu de nos porcs. La Belgique nous prend une part proportionnelle à peu près égale de nos exportations en cochons de lait et de notre exportation en porcs.

Les États sardes et l'Espagne, voisins d'importance relative dans notre commerce d'exportation en cochons de lait et en porcs, ont cette importance moitié plus faible pour l'exportation des cochons de lait que pour celle des porcs.

Si l'on cherche quelle est la relation, quel est le lien de cette situation commerciale avec notre production porcine, on voit que les nouveaux tarifs ont profondément modifié la situation. Avant 1853, l'importation allait toujours diminuant en porcs et en cochons de lait, l'exportation toujours augmentant en porcs et en cochons de lait. Avant cette époque, notre balance commerciale se soldait par un excès de près de 12,000 porcs exportés, année moyenne, et de plus de 112,000 cochons de lait importés. En suppo-

Fig. 7. — Porc anglais dit de grande race.

sant qu'une partie de ces cochons de lait entrât dans notre élevage et fournît les porcs exportés, nous recevrions donc du dehors, année moyenne, un accroissement de plus de 100,000 jeunes cochons qui étaient en partie consommés et entraient, en partie, dans notre population indigène pour l'accroître.

En ne considérant que la production, cette situation était bonne puisqu'elle indique que le marché intérieur s'ouvrait de plus en plus aux produits de notre sol, que nos relations commerciales s'étendaient de plus en plus, et puisque l'excès d'importation ne portait que sur de jeunes animaux qui, en venant fournir matière à engraissement, devaient aussi augmenter la somme des engrais sur le sol. En considérant les besoins de la consommation, la situation était moins favorable.

Depuis la nouvelle législation douanière, nos exportations de porcs et de cochons de lait ont suivi la même loi d'accroissement qu'auparavant ; l'excès de nos importations en cochons de lait sur nos exportations a continué de diminuer, mais nos importations en porcs adultes dépassent de beaucoup nos exportations. Notre balance commerciale se solde par un excès d'importation en porcs sur nos exportations qui s'élève à plus de 18,000 têtes par année moyenne, et par un excès d'importation en cochons de lait qui est de près de 74,000 têtes au-dessus de nos exportations. Ainsi, le marché extérieur reste, comme débouché pour notre production, ce qu'il était antérieurement ; mais le marché intérieur reçoit du dehors beaucoup plus qu'auparavant. Notre production subit donc une concurrence dont ne se peut plaindre la consommation; mais il ne semble pas que la production elle-même ait à se plaindre du nouvel état de choses, car son exportation suit la même loi d'accroissement, et l'importation des cochons de lait continue à décroître. Les porcs adultes, qui sont introduits en plus grand nombre, paraissent donc répondre à un besoin plus grand de la consommation, auquel la production intérieure ne satisferait pas, ou ne satisferait qu'à un prix plus élevé. Toutefois, ces raisonnements ne valent qu'à la condition que notre production intérieure ne décroît pas en importance, et que l'exportation n'est pas forcée par l'importation en excès, auquel cas on exporterait à trop bas prix.

Nos relations actuelles avec les marchés étrangers semblent indiquer des situations différentes d'eux par rapport à nous : la Belgique nous envoie à la fois beaucoup de porcs adultes et beaucoup de cochons de lait : plus de 20,000 porcs (20,655) et plus de 74,000 cochons de lait année moyenne (74,292) ; elle ne nous demande que peu de porcs et de cochons de lait: par année moyenne moins de 3,000 porcs (2,676) et un peu plus de 2,000 cochons de lait (2,298), environ sept fois moins de porcs que ce qu'elle nous vend, et trente-deux fois moins de cochons de lait. Elle fournit donc beaucoup à notre consommation et plus encore à notre élevage, nous lui rendons peu en marchandises similaires. Elle ne tire pas, d'ailleurs, tout ce qu'elle nous vend de son cru ; elle est, pour une grande partie, l'intermédiaire entre nous et la Hollande et quelques pays auxquels nous vendons peu de produits similaires.

L'Association allemande nous donne, année moyenne, plus de 9,000 porcs (9,617) et près de 14,000 cochons de lait (13,695); elle ne nous demande que 500 porcs (497) et 7,000 cochons de lait (6,912), c'est-à-dire, près de vingt fois moins de porcs et moitié moins de cochons de lait qu'elle ne nous en fournit. Nous sommes donc encore dépendants d'elle pour notre consommation et notre élevage de l'espèce porcine.

Les États sardes nous fournissent, année moyenne, plus de 4,000 porcs (4,629) et près de 1,600 cochons de lait (1,586); nous ne leur vendons que moins de 2,500 porcs (2,449) et 100 cochons de lait (1,107); ils échangent donc à peu près les cochons de lait avec nous, mais nous donnent presque le double de porcs que nous leur vendons.

L'Espagne nous vend, année moyenne, plus de 3,600 porcs (3,625) et près de 1,400 cochons de lait (1,367) ; elle nous demande 2,400 porcs (2,410) et plus de 1,000 cochons de lait (1,073); elle échange donc à peu près ses cochons de lait contre les nôtres, mais nous vend moitié plus de porcs qu'elle ne nous en achète. Elle est donc aussi un de nos pourvoyeurs en porcs.

La Suisse nous fournit, année moyenne, 2,000 cochons de lait (2,100), et pas de porcs; elle nous demande la moitié de notre exportation en porcs et en cochons de lait, soit, par année moyenne, plus de 12,000 porcs (12,143) et près de 11,000 cochons de lait (10,981). Elle ne produit donc pas de porcs pour nous, nous vend des cochons de lait de son élevage, mais nous en demande beaucoup plus, sans doute pour les engraisser avec les produits de ses laiteries. Elle fait donc peu naître de porcs, du moins à en juger par ses relations commerciales avec nous, en engraisse qu'elle nous demande à l'état de cochons de lait, etconsomme non-seulement ceux-ci, quand ils sont adultes, mais encore d'autres porcs qu'elle nous achète ou gras ou près de l'être. Elle n'entre donc pour rien dans notre élevage de porcs, et est à notre porte le plus grand consommateur de nos animaux de l'espèce porcine.

L'Angleterre ne nous envoie ni porcs ni cochons de lait, sa consommation intérieure est trop importante pour cela; elle nous vend seulement quelques animaux de ses races perfectionnées comme reproducteurs. Mais elle est le principal consommateur de nos porcs, après la Suisse; elle nous en demande plus de 3,100 par année moyenne (3,389), et ne nous demande qu'accidentellement bien peu de cochons de lait. Il semble donc, à juger par les faits de notre commerce, que l'Angleterre trouve chez elle assez de jeunes élèves pour fournir à son élevage, mais que sa consommation a des besoins plus grands que ceux que sa production peut satisfaire.

CHAPITRE XI

DES QUALITÉS SPÉCIALES DES DIVERS ALIMENTS

Examinons de quelle façon l'aliment agit sur l'animal, et quelle est l'influence particulière de chacun des aliments.

Nous avons vu que, lorsqu'on ne donnait pas de matières grasses à la machine animale, elle savait elle-même faire de la graisse, mais comme il s'agit d'arriver le plus rapidement possible, il sera évidemment plus facile et plus économique de donner la matière grasse toute faite. Le rôle des matières azotées est de fournir à l'animal tout ce dont il a besoin pour vivre sans qu'il prenne sur son propre fonds; la matière azotée désintéresse toutes les fonctions animales de la perte journalière, elle donne au bétail tout ce qu'il lui faut pour vivre, et il peut s'assimiler la graisse sans crainte de la consommer.

Les tourteaux qu'on applique depuis longtemps à l'engraissement comme très-riches en azote ont été remplacés en Angleterre par la graisse de lin elle-même. Cette matière fournit en effet l'azote abondamment et, de plus, toute la matière grasse qui a disparu dans le tourteau. M. Wartus, qui a essayé le premier cette graisse, a obtenu d'excellents résultats; on engraisse beaucoup plus promptement et plus économiquement qu'avec le tourteau. Cette méthode d'engraissement était au reste très-favorisée par une machine qui, prenant le lin entier, séparait à la fois la graine, la matière textile et la partie non industrielle pouvant servir comme engrais; cette grande économie de main d'œuvre permettait de rendre l'engraissement plus avantageux.

Pour faire prendre la graine de lin aux animaux, on la concasse ordinairement, on la fait bouillir avec de l'eau et on la mélange à des aliments hachés. On donne successivement jusqu'à la fin de l'engraissement les trois rations suivantes.

	1er tiers.	2e tiers.	3e tiers.
1re RATION.	Graine de lin	Orge	Fèves
2e —	—	Fèves	Son
3e —	—	Son	Orge

Avant de voir quelle est la composition alimentaire de ces trois rations, comparons le tourteau à la graine, nous aurons :

	Matières grasses.	Matières amylacées.	Matières azotées.
Tourteau........	6	33.2	32.7
Graine..........	39	19	23

Il est bien entendu que nous laissons de côté les autres parties qui ne nous intéressent pas. Nous allons donner de même la composition des trois rations différentes qu'on donne successivement pour l'engraissement.

		Matières grasses.	Matières amylacées.	Matières azotées.
1re RATION.	10 graine de lin. 10 orge........ 10 fèves........	4.38	13.62	5.85

2e RATION.	10 graine de lin. 10 fèves........ 10 son.........	4.50	12.21	5.68
3e RATION.	10 graine de lin. 10 son.......... 10 orge.........	4.58	13.43	4.58

On peut remarquer que la quantité de matières grasses va toujours en augmentant, et on comprend facilement la raison de cette disposition. A la fin de l'engraissement l'appétit de l'animal est moins éveillé, les fonctions digestives se remplissent plus difficilement, il faut donc forcer un peu la quantité de matières grasses, pour éviter la perte de celles qui ne seraient pas assimilées. On remarque en même temps que, dans les rations, les matières azotées diminuent, et la raison en est aussi bien simple ; nous avons dit que le repos était une des conditions de l'engraissement, l'animal n'a donc à subir aucune déperdition de force, et les matières destinées à réparer ces forces peuvent être diminuées impunément.

La manière dont il faut faire succéder les aliments dans l'engraissement est encore en discussion ; des éleveurs sont d'avis qu'il faut commencer par les aliments très-nutritifs, ceux auxquels nous avons donné spécialement le nom d'accélérateurs ; ils croient qu'on éveille ainsi la machine animale, qu'on la met rapidement en état ; ils passent ensuite aux aliments encombrants pour en revenir, à la fin de l'opération, à la nourriture substantielle qu'ils avaient donnée d'abord. Cette méthode est surtout suivie en Angleterre. En France, au contraire, nous commençons en général par les aliments bases, les plus encombrants pour donner ensuite les matières les plus nourrissantes. Ainsi, nous sommes d'accord avec nos voisins sur la fin de l'opération; au reste cette pratique de terminer l'engraissement par les aliments les plus nutritifs est toute naturelle. L'animal est déjà arrivé à un certain embonpoint, son appétit a diminué, de plus, il a déjà coûté du temps et des capitaux pour l'amener à l'état où il se trouve; il faut donc en finir, il faut lui donner des aliments qui, étant très-riches en matières grasses, l'amèneront promptement au point où il doit arriver pour être vendu.

La différence des deux méthodes porte donc seulement sur le commencement de l'opération; elle est due aux animaux sur lesquels on opère. En Angleterre, où les races sont destinées spécialement à l'engraissement, où l'animal est jeune, on peut entamer rapidement l'engraissement sans crainte de perdre ses produits; en France, au contraire, nous engraissons presque toujours des animaux âgés déjà, ayant de 7 à 10 ans, qui ont travaillé, et qu'il faut commencer par refaire économiquement avant de les mettre franchement à l'engrais. Ainsi, en France, comme nous l'avons dit, on débute par mettre les animaux à l'herbe et ce n'est qu'ensuite que viennent les aliments plus substantiels; dans le Cholet, on commence par donner le foin auquel on substitue ensuite des choux et des tubercules; dans les derniers moments de l'engraissement on ajoute la farine de sarrasin.

Dans le Limousin les animaux sont dans une situation intermédiaire, on les tient à l'herbe et à l'étable;

on leur donne du foin, des racines, des raves que l'on coupe en morceaux et qu'on mélange aux feuilles. Au reste, en général, l'époque fait varier un peu le mode d'engraissement. Jusqu'au mois de mai environ, on ne mène le bétail aux champs que dans la journée; pendant l'été on les y laisse continuellement; là, nous l'avons dit, on ajoute les raves et le sarrasin qui doit terminer l'engraissement.

Quant aux opérations spéciales de l'engraissement, comme celui des veaux, par exemple, la question est un peu différente. Le meilleur et, pour ainsi dire, le seul moyen de faire de la chair de veau bien blanche, comme celle qu'on exige à Paris, est de nourrir ces animaux avec du lait; on a proposé le pain, les œufs; mais, comparés au lait, ces aliments sont de peu de valeur.

On doit ici se poser une question qui, comme nous allons le voir, présente une grande importance : faut-il faire téter l'animal ou lui donner le lait au baquet? Cette question ne peut être résolue d'une manière absolue, elle dépend des races sur lesquelles on opère. On sait que, sous l'influence de la succion, la glande qui sécrète le lait en donne une plus grande quantité; si donc on a affaire à des races laitières, il y a intérêt à laisser téter; si, au contraire, la race est très-riche en lait, il faut donner le lait au baquet, car l'on en perdrait en laissant sucer. Cette dernière méthode a du reste de grands avantages; on reste maître de son action, on peut disposer à son gré des ressources de la vacherie; on peut donner à un même veau le lait de plusieurs nourrices. Il existe, dans un comté de l'Écosse, une petite race très-laitière chez laquelle l'engraissement des veaux dure de six à sept semaines. Jusqu'à la quatrième semaine, le veau ne reçoit le lait que d'une seule vache ; à cinq semaines, on lui donne le produit de deux nourrices, et enfin on ajoute une troisième vache à six ou sept semaines.

On a remarqué que la seconde partie de la traite d'une vache était plus riche en matière grasse que la première : les éleveurs écossais ont exploité cette remarque avec beaucoup d'intelligence ; ils donnent la portion la moins riche au veau dont l'engraissement commence, ils mélangent ensuite les deux traites pour le veau d'un mois, et à la fin de l'engraissement ils ne lui donnent que la partie la plus riche en graisse ; ils sont arrivés à faire pour ainsi dire deux aliments avec le lait. En Angleterre et en France, on applique à l'élève des veaux une infusion de foin, de tourteaux, etc., c'est donc un véritable thé de foin qu'on leur donne, mais qui en définitive est assez peu profitable à l'engraissement.

Jusqu'à quelles limites faut-il pousser l'engraissement ? Trois considérations principales doivent guider dans la solution de cette question : 1° la marche de l'engraissement ; 2° l'état de l'animal ; 3° les conditions économiques dans lesquelles on se trouve.

Nous allons examiner successivement ces trois parties de notre solution.

Au début de l'engraissement, les aliments produisent leur maximum d'effet, c'est alors que le prix des fourrages est payé davantage ; au contraire, à la fin de l'opération, l'animal n'augmente plus que très-lentement et ce sont les dernières livres de graisse, qui sont les plus coûteuses à produire. Le point où il faut s'arrêter ne peut être fixé d'une manière générale ; il est évident qu'il ne faut pas aller jusqu'à la perte, mais si l'on s'adresse à un grand centre de population où la viande de première qualité sera appréciée, on peut pousser l'engraissement très-loin.

Une des conditions les plus importantes pour le succès de l'engraissement est la quiétude de l'animal, il faut chercher par tous les moyens possibles à le maintenir dans un état de satisfaction complet. La régularité dans l'heure de la distribution de la nourriture et l'uniformité dans la quantité de cette même nourriture sont aussi importantes l'une que l'autre. Quand on fait attendre à l'animal sa nourriture, il s'inquiète, il s'impatiente ; ce sont là de mauvaises conditions pour le succès. De même si on donne à l'animal une quantité plus faible, il sentira la faim et on ira alors directement à l'encontre du problème qu'on veut résoudre. Cette régularité très-importante pour tous les animaux l'est surtout pour les porcs ; comme ils sont très-voraces, ils se querellent, se mordent entre eux, de manière qu'on les engraisse plus rapidement en les tenant isolés. En Angleterre on a inventé un système assez ingénieux : l'étable est divisée en loges dont les parois sont dirigées suivant les rayons d'un cercle dont le centre est occupé par une auge dans laquelle on place la nourriture ; cette auge est divisée en plusieurs compartiments dont un ou deux seulement sont remplis, et elle est douée d'un mouvement circulaire ; les porcs sont alors constamment occupés à épier l'instant où l'auge passera devant eux et où ils pourront saisir leur nourriture, ils n'ont pas ainsi le temps de se quereller.

Dans toute affaire industrielle la question économique domine tout le reste. L'engraissement sera surtout favorable au moment où l'éleveur disposera d'une grande somme de produits; c'est ordinairement à la fin de l'automne et en hiver qu'on se trouve dans ces conditions, c'est aussi à cette époque qu'on commence l'engraissement.

Il existe quelques moyens accessoires de hâter un peu l'engraissement; ils se rapportent à la saison, aux phénomènes physiologiques qui se passent pendant l'engraissement, et enfin à l'emploi de certaines substances.

La meilleure saison pour l'engraissement est évidemment celle dans laquelle l'animal a plus d'appétit. Un froid un peu piquant est la température qui convient le mieux; l'appétit est un peu excité et l'animal mange davantage, il ne faut pas que le froid devienne rigoureux, bien que cela valût mieux qu'un temps mou. Cette influence de la température est assez grande pour qu'à Poissy, dans les concours annuels, on puisse s'apercevoir à l'état de l'animal de la saison qui a précédé. La température influe aussi sur la manière dont les animaux disposent leur graisse; dans les régions froides les animaux font spécialement du suif, ils mettent leur graisse en dedans; dans les régions chaudes ils la mettent en dehors, comme tout à l'heure on le verra.

Le calme, la bonne santé, sont des conditions indispensables au succès de l'engraissement; la moindre inquiétude peut empêcher l'opération de réussir. C'est ainsi qu'on a remarqué en Normandie des animaux à l'herbage qui ne s'engraissaient pas, parce qu'un sentier très-fréquenté traversait le pré dans lequel ils paissaient. Dans le Cholet on apprécie ces circonstances à leur juste valeur, on isole les animaux dans les étables, on n'y entre pour changer les litières que lorsqu'ils sont à l'abreuvoir. Il ne faut pas exagérer le repos, un exercice très-modéré qui pourra exciter l'appétit sans déterminer la moindre fatigue sera une bonne condition de succès. En Angleterre, il est assez en usage d'avoir près de l'étable un petit terrain très-rétréci, appelé *padoc*, dans lequel les animaux peuvent aller prendre l'air.

Quant aux veaux, tantôt on les laisse vaguer dans l'étable auprès de la mère, tantôt on les sépare. On a proposé de les placer dans des compartiments très-étroits dans lesquels les mouvements étaient à peu près impossibles, quelque chose d'analogue à des chapons à l'épinette.

La castration des animaux contribue beaucoup à leur facilité pour l'engraissement; elle reporte l'activité reproductrice sur tous les autres organes, elle prédispose de plus à l'accumulation de la graisse. Chez les jeunes animaux elle n'a presque aucune importance, les veaux sont engraissés trop jeunes pour que la faculté reproductrice soit encore éveillée; aussi la castration des veaux et celle des vêles est tout à fait inutile.

On a conseillé la saignée, elle peut être bonne dans certaines circonstances pour les animaux de travail; par exemple, elle donne un coup de fouet à l'organisme qui peut déterminer de bons effets, mais c'est une pratique dont il ne faut pas abuser.

Enfin, on a prôné pour l'engraissement certaines substances, entre autres les amers, les baies de genièvre et surtout le sel ; on a singulièrement exagéré l'influence de ces corps et particulièrement de ce dernier ; l'organisme a besoin d'une petite quantité de solide que le sel peut lui fournir, mais une plus grande quantité est complétement inutile. Une de nos meilleures races, la race normande, ne reçoit pas un atome de sel. Cette influence du sel a été surtout prônée à cause de certaines races de moutons dites de pré-salé. Il n'est pas douteux qu'il y ait sur les bords de la mer une petite race d'excellents moutons, mais quant à des moutons de pré-salé, il n'y en a pas. L'influence du sel n'est pour rien dans l'excellence de cette petite race qu'on retrouve au reste dans l'intérieur des terres en Sologne et en Allemagne, mais qui a besoin pour vivre de terrains pauvres et secs, comme ceux dont nous venons de parler.

CHAPITRE XII

DES MANIEMENTS ET DE L'APPRÉCIATION DU BÉTAIL

Nous avons essayé de rechercher quels étaient les moyens qui pouvaient conduire à l'engraissement, nous devons maintenant examiner les résultats de cet engraissement, et étudier la solution du problème que nous avons posé.

Le résultat de l'engraissement est nécessairement un gain en poids vif; en comparant cette augmentation de poids à la consommation, ou bien en étudiant ce gain en lui-même et par rapport seulement à la machine animale, on aura deux points de vue différents pour envisager la question. Malheureusement les données de l'agriculture sont si vagues, les chiffres sont si rarement comparables qu'il est difficile d'arriver à une solution exacte.

Nous pouvons étudier la machine animale après l'engraissement sur pied, ou bien au contraire abattue.

Quand on estime une bête sur pied, on fait cette estimation par le toucher, les maniements, ou bien par la balance, ou enfin en prenant certaines mesures dont on peut déduire la capacité.

En touchant un animal, on peut jusqu'à un certain

point se rendre compte de son état d'engraissement. Ces maniements jouissent chez les éleveurs d'une grande faveur qu'il ne faut pas cependant exagérer; car, si très-souvent ils peuvent donner de bonnes indications, il arrive aussi qu'ils ne donnent qu'une idée très-vague de l'état de l'animal. Définissons d'abord ce qu'on entend par maniement, et voyons ensuite quels peuvent être les avantages de cette pratique. On appelle maniements les différents points du corps des animaux touchés avec la main afin d'en conclure l'état de la machine.

Le phénomène de l'engraissement se traduit par l'accumulation de la graisse dans le tissu externe, ensuite dans l'épaisseur des muscles, et enfin dans l'intérieur du corps, dans les viscères où la graisse constitue le suif. Ainsi, nous voyons qu'il existe trois séries de points principaux où la graisse se dépose; si les maniements ont une valeur réelle, ils doivent pouvoir indiquer si la graisse s'est portée dans ces trois régions différentes.

En combinant les maniements et les étudiant successivement, on pourra arriver à se faire une idée assez nette de l'état de l'animal. En général, pour bien apprécier un maniement, il faut le prendre dans la main, le détacher du corps de l'animal, de manière à se rendre compte de son épaisseur et de la résistance plus ou moins grande qu'il offre ; quand il est ferme et résistant, c'est une preuve que la graisse qu'il renferme est de première qualité.

Les maniements qui indiquent la graisse extérieure sont la côte, la hanche, et les abords ; celui de la côte a pour base les deux dernières côtes. La graisse qui se dépose sur les grands muscles donne des indications sur le poids général de l'animal; il y a plusieurs maniements qui servent à l'apprécier; l'un a pour base la partie qui s'étend du dos au bassin; ceux qui portent le nom de cœur et de contre-cœur et qui sont situés audessous du poumon servent encore à déterminer le poids. On s'aperçoit que l'animal est riche en graisse à l'intérieur par la saillie des flancs qui présentent une forme très-bombée. Il y a encore un maniement sous la tête qui indique le suif, c'est la partie qui s'étend sous l'os sous-maxillaire jusqu'à la base de la langue, on peut sous-peser ce maniement et se rendre compte ainsi de sa richesse. Le dépôt du suif à l'intérieur amène un affaissement du ventre; chez le mâle la partie placée sur les testicules est aussi remplie de graisse, chez la femelle cette partie placée en avant de la mamelle se nomme l'avant-lait.

A l'aide de ces différents maniements, des bouchers habiles se font une idée assez exacte de la valeur de l'animal.

Le pesage est une méthode bien supérieure comme exactitude pour l'appréciation des animaux. Si les éleveurs avaient l'habitude de peser leurs animaux, leur industrie en serait singulièrement simplifiée; c'est là réellement le contrôle de toutes les opérations; c'est ainsi qu'ils pourraient faire des progrès dans l'élevage en voyant à plusieurs périodes d'engraissement le poids de l'animal et avec quels aliments et quel régime on a pu le produire. Malheureusement une balance est encore une dépense assez considérable devant laquelle reculent beaucoup d'éleveurs; à son défaut on a proposé différents systèmes de mesurage qui, sans avoir l'exactitude d'une pesée, peuvent donner une idée approchée du poids de l'animal. On a inventé plusieurs méthodes qui consistent en général à considérer le corps de l'animal, comme un cylindre dont la hauteur sera la longeur de l'animal, et la base, le contour au-dessous des épaules. Mathieu de Dombasle a fait un certain nombre d'expériences sur ce sujet et il construisit une mesure qui permettait de reconnaître immédiatement le poids de l'animal. Cette mesure était une corde aussi invariable que possible dans sa longueur et qui était pourvue de nœuds placés à différentes distances les uns des autres ; chaque longueur trouvée à l'animal depuis la naissance du cou jusqu'à la queue correspondait d'après des tables à un poids net déterminé. Ainsi le premier nœud était placé à $1^{m}.82$ de l'extrémité de la corde et il correspondait à un poids net de 175 kilos ; le second nœud était placé à $0^{m}.072$ du premier, la longueur totale de la corde était de $1^{m}.893$ et elle correspondait à un poids de 200 kilos ; enfin le dernier nœud était placé à $0^{m}.059$ du précédent, la corde avait 2 mètres et le poids de l'animal correspondant de 300 kilos.

Au delà de ce point, les expériences ont été arrêtées par la difficulté d'arriver à des résultats exacts. On comprend, en effet, que, les nœuds allant toujours en se rapprochant, une erreur dans la mesure pouvait conduire à de très-grosses fautes dans l'appréciation.

Les expériences de Mathieu de Dombasle portèrent surtout sur les bœufs ; il essaya d'appliquer la même méthode aux moutons, mais la difficulté fut presque insurmontable à cause de la laine dont l'épaisseur variable empêchait toute mesure rigoureuse.

La méthode de M. Quetelet semble présenter plus de certitude que toutes les autres ; cependant plusieurs expériences faites à Versailles et contrôlées par la balance n'ont conduit qu'à des nombres fort éloignés de la vérité. Il est possible que le point qui pèche davantage, dans la méthode, soit le coefficient qui, vrai pour les animaux sur lesquels on avait expérimenté d'abord, soit fort inexact pour d'autres.

Mathieu de Dombasle, pour mesurer la circonférence de l'animal ou la base du cylindre, faisait passer sa mesure du garrot devant une des jambes et derrière l'autre. On arrive à une plus grande exactitude en faisant l'opération à deux reprises et dans les sens opposés ; on corrige ainsi la position de l'animal qui pourrait conduire à des chiffres erronés.

CHAPITRE XIII

DES RENDEMENTS DES BÊTES ABATTUES

Après avoir passé en revue l'engraissement, nous avons dit que la question n'était définitivement résolue que par l'étude du rendement de l'animal. Nous avons cherché à évaluer la bête sur pied par le pesage, le mesurage et les maniements, il nous reste à nous occuper du rendement de l'animal abattu, de la quantité de matières utiles qu'il produit. Ces matières sont utiles à différents degrés; la viande comestible et les matières qui ont une importance industrielle, telles que le cuir et le suif, sont au premier rang; ensuite viennent les issues qui diffèrent suivant leur place dans le corps, et qui en général renferment les gros viscères, les poumons, la rate, la langue, les cavités nasales et les pieds.

L'étude du rendement est d'une importance extrême pour le cultivateur, qui ordinairement ne s'en préoccupe pas assez. Voir ce qu'on produit en regard de ce qu'on a dépensé est la chose importante, c'est par là qu'on peut améliorer sa méthode : le prix de la bête vendue ne donne souvent que des indications superficielles, la viande ayant des cours plus ou moins élevés, tandis qu'au contraire, le rendement en poids est une base parfaitement certaine. Pour que ce rendement soit instructif, il faut préciser les conditions dans lesquelles il aura été évalué. Ces conditions varient suivant les localités; dans quelques-unes, on ajoute les reins avec la graisse qui les entoure, partie qui porte vulgairement le nom de rognons de graisse; il est important de toujours remarquer si cette addition a été faite.

La physiologie doit encore guider dans l'appréciation du rendement, et quelques exemples vont nous montrer à quelles erreurs grossières on peut être entraîné, si on ne pèse pas bien toutes les circonstances dans lesquelles l'animal peut se trouver.

Nous avons cité, au début de cette étude, quelques expériences sur les animaux privés de nourriture; nous avons vu que toutes les parties de l'animal ne perdaient pas de la même façon, que la graisse commençait d'abord par disparaître, puis que la destruction s'étendait aux muscles et au sang. Nous avons vu, de plus, que la perte était en raison du poids de l'animal, qu'il perdait davantage à mesure qu'il était plus gras.

Quand on mène un animal à l'abattoir, on ne continue pas l'engraissement, on lui donne la nourriture nécessaire pour le soutenir; aussi l'animal diminue de poids rapidement. On voit des animaux qui perdent 20 kilogrammes par jour, et il arrive fréquemment qu'ils en perdent 15. C'est la graisse qui disparaît dans ces premiers jours, et la viande des quatre quartiers reste encore intacte. Si on ne tient pas compte de ces principes, il arrivera qu'on pourra croire à un rendement supérieur après ce séjour à l'abattoir. Supposons un bœuf qui pèse 800 kilogrammes, poids vif, l'engraissement étant fini ; sa viande nette pèse 520 kilogrammes, nous trouvons qu'il nous rend 65 p. 100 de son poids ; nous le mettons à l'abattoir, on ne continue pas l'engraissement, il est privé d'aliment, il perd de son poids. Supposons qu'on le garde 4 jours avant de le tuer, et que dans ces 4 jours il ne perde que 35 kilogrammes ; au moment où il sera tué, il ne pèsera plus que 765 kilogrammes. Il n'aura pas perdu aux quatre quartiers; ces quatre quartiers pèseront encore 520 kilogrammes, le rapport est de 68 p. 100. D'après cela l'animal aurait un rendement de 3 p. 100 supérieur au premier. On voit par là que, lorsqu'on ne tient pas compte de l'état de graisse, on ne peut arriver qu'à des résultats tout à fait erronés.

Il arrive souvent qu'on apprécie le cuir d'une façon tout aussi peu exacte. Peut-on se faire une idée du rendement en cuir, en comparant le poids du cuir à celui de l'animal? Il est évident que non, car le cuir peut être plus ou moins épais, et deux animaux, chez lesquels le cuir aurait le même poids, pourraient être de dimensions très-différentes.

Il existe une commission de rendement qui publie tous les ans les chiffres qu'elle a trouvés; empruntons-lui quelques exemples :

1 bœuf de Salers pesait..................	945 kilog.
Son cuir..........................	62 —
1 bœuf charolais pesait..................	862 —
Son cuir..........................	62 —
Le rapport du cuir au poids vif est :	
Chez le premier, de................	6.56 pour 100
— second, de................	7.07 —

Ce rapport varie donc de 1/2 p. 100.

Si, maintenant, nous comparons chez ces mêmes animaux le poids du cuir à sa surface, c'est-à-dire à la surface de l'animal, nous aurons le rapport exact qui est bien différent de celui que nous avons trouvé plus haut.

Le premier bœuf avait 2m.27 de circonférence; 2m.47 de longueur; il présentait donc une surface de 5m.48; par conséquent le mètre carré de cuir pesait 11 kilog. 314; chez l'autre ce mètre carré pesait 17 kilog. 367. Les rapports sont bien différents des premiers, mais cette méthode est la seule qui permette de comparer l'épaisseur du cuir de deux animaux.

Prenons encore deux exemples toujours tirés des documents officiels :

1 bœuf charolais pesait	1,030 kilog.
Le cuir	56 —
1 bœuf anglais	700 —
Le cuir	38 —
Le rapport était :	
Chez le premier, de	5.44 pour 100
— second, de	5.43 —

On pourrait conclure que les animaux présentent la même épaisseur de cuir, mais si nous employons la méthode déjà citée, nous trouvons que chez l'un le mètre carré pèse 9 kilog. 739, et chez le bœuf devon 12 kilog. 063 ; nous sommes bien loin de l'égalité.

	kilogrammes.
1 bœuf cotentin croisé durham pesait	951
Le cuir	57
1 bœuf normand pesait	725
Le cuir	43.5

Le rapport du poids vif au cuir est :

Chez le premier, de.................	5.99 pour 100
— second, de.................	6.00 —

Malgré l'égalité apparente, la méthode réelle donne pour le mètre carré de cuir, chez le cotentin, 10 kilogrammes 674, chez le normand, 14 kilogrammes 123.

Il est évident qu'il n'y a qu'un cas où les deux méthodes pourront être d'accord, ce sera quand les animaux auront la même dimension; alors le rapport du poids du cuir au poids vif sera le même.

1 bœuf durham cotentin pèse....	890 kilog.
Le cuir................................	50 —
1 bœuf durham manceau pèse............	890 —
Le cuir................................	50 —

Le rapport est :

Chez le cotentin...................	5.62 pour 100
— manceau...................	5.67 —

La seconde méthode va nous donner les mêmes résultats.

	kilog.
Le mètre carré de cuir est, chez le cotentin, de......	12.961
— — — — manceau, de.....	13.151

Il n'y a que ce seul cas où les deux nombres seront comparables.

On a posé en principe que les animaux qui avaient un cuir très-épais étaient durs à engraisser. C'est une opinion erronée. Il est possible que la mollesse, l'élasticité du cuir, puissent être de bons caractères, mais des exemples vont nous prouver que l'épaisseur est indifférente.

Deux animaux avaient des cuirs dont l'un pesait, par mètre carré........................ 9 kilog. 732
— — — et l'autre... 12 kilog. 063
Le premier rendit en poids net.......... 64.76 p. 100
Le second — — .... 67.07 —

Ainsi, c'est l'animal qui a le plus gros cuir qui rend davantage. Mais voici un autre exemple dans lequel les résultats sont inverses.

	Poids du mèt. car. du cuir.	Rendement p. 100 en viande.
	kilog.	
1 durham cotentin...........	10.674	66.351
1 cotentin hereford.........	14.123	61.377

Ces exemples, que nous pourrions multiplier, prouvent que l'épaisseur du cuir est tout à fait indifférente.

Nous avons vu précédemment l'avantage des animaux précoces, nous allons encore trouver dans les rendements des preuves à l'appui de cette exploitation des jeunes animaux.

Examinons successivement les rendements des bœufs de deux à quatre ans, et celui des bœufs de quatre à dix ans.

En moyenne le poids vif des premiers est de 830 kilogrammes, celui des seconds est de 985 kilogrammes. Il est à peu près exact de dire qu'avec les premiers on a une récolte de viande double. Cette opinion peut paraître exagérée au premier abord; nous allons voir cependant qu'il est aisé de la vérifier. Le rendement chez les jeunes animaux est de 64 p. 100 en viande, chez les seconds de 63 p. 100. Mais il faut apprécier non-seulement la quantité de viande, mais encore sa qualité. On trouve que la viande de première qualité est chez les jeunes 34 p. 100, tandis que chez les vieux elle est de 33 p. 100. Il est naturel que le jeune animal rende plus en viande de première qualité ; il a été élevé spécialement pour la boucherie, et sa race a pu être déjà beaucoup améliorée dans ce sens. — La viande de seconde qualité est de 25 pour 100 chez l'un et de 26 chez le second. La troisième qualité est à peu près en même quantité.

Puisque les bœufs d'âge mettent de quatre à cinq ans à produire une quantité de viande égale à celle que les jeunes animaux produisent en deux ans, il est évident que le profit en viande est double quand on élève ceux-ci.

Le rendement chez les vaches de quatre à sept ans est supérieur à 60 p. 100 ; elles fournissent 37 p. 100 de viande de première qualité ; ce rendement beaucoup plus considérable que chez les bœufs s'explique par la position même de la viande de première qualité qui se trouve à l'arrière-main toujours plus développée chez les femelles ; la viande de deuxième qualité est de 18 p. 100, enfin celle de troisième est en moindre quantité que chez les bœufs.

Le suif est réparti de la manière suivante : 8 p. 100 chez les jeunes, 8 $^1/_2$ chez les vieux, 9 chez les vaches.

Quant à la proportion en cuir, elle est de 4 pour 100 chez les jeunes, 6 chez les bœufs d'âge, 5 chez les vaches ; ce faible rendement en cuir chez les jeunes animaux empêche souvent qu'on leur attribue l'importance qu'ils méritent à tous autres égards.

Les issues sont de 22 p. 100 chez les jeunes, 22. 5 chez les adultes, 26 chez les vaches. Tous ces chiffres peuvent éclairer l'éleveur, lui montrer à quels résultats il arrive ;

enfin ne pas s'en occuper, c'est marcher en aveugle, c'est travailler sans savoir ce qu'on a fait.

Les rendements que nous venons de donner sont en général considérables, ce sont ceux des animaux exposés à des concours où l'on brigue des primes, et où par conséquent on n'expose que des animaux dans des positions particulières.

Les bœufs de Paris donnent ordinairement les produits suivants : 57 p. 100 de viande, 7 de cuir, 8 de suif 27 d'issues ou abus ; le poids net moyen est de 125 kilogrammes ; pour les moutons, le poids net est de 18 kilogrammes, pour les porcs de 78 kilogrammes.

On a cherché à donner le rendement d'animaux amenés à différents états d'engraissement.

Le rendement en chair est, pour un bœuf ordinaire, de	53.50 p. 100
— — pour un bœuf en état, de	55.00 —
— — pour un bœuf tout à fait gras, de	61.00 —

En Angleterre, à un concours d'animaux de boucherie, un durham a rendu 75 p. 100. Pour des bœufs anglais on a trouvé les chiffres suivants :

	Rendement en chair.
Beuf maigre	60 p. 100
Beuf en état	65 —
Beuf gras	70 —

M. Stephenson a donné les chiffres suivants comme rendement moyen :

Quatre quartiers	57.70
Suif	8.00
Cuir	5.20
Issues	28.00

Ces chiffres, s'ils étaient bien connus, si l'éleveur s'en préoccupait, s'il les comparait avec les aliments qu'il a donnés et avec la composition chimique des aliments, auraient une importance immense. Quand il pourra prévoir, en donnant un aliment contenant telles proportions de graisse, d'azote, de matières carbonées, le produit tant de graisse qu'en azote, il spéculera dès lors à coup sûr; il aura trouvé la solution du problème de l'engraissement, et l'élève deviendra une science appuyée sur des bases certaines.

CHAPITRE XIV

DE LA PRODUCTION DU LAIT.

L'étude de l'engraissement étant terminée, il faut arriver à celle de la production du lait. On y verra qu'il y a plus d'une analogie dans les systèmes à suivre pour réussir dans ces deux industries. Nous diviserons notre sujet en quatre parties.

Nous étudierons dans la première le lait comme sécrétion de l'animal ; dans la seconde les conditions économiques de sa production ; dans la troisième les moyens que possède l'éleveur pour reconnaître la machine propre à fournir le lait ; enfin dans la quatrième nous examinerons les meilleures méthodes pour arriver à un bon résultat et ces résultats eux-mêmes.

Le lait est sécrété par les glandes mammaires ; on appelle ainsi les organes dont la fonction est de tirer le lait du sang, le liquide nourricier par excellence, comme les reins en retirent l'urine par exemple. Les glandes sont pour ainsi dire des filtres intelligents qui séparent ainsi des produits spéciaux d'un liquide qui n'en contient que les éléments. L'anatomie de ces glandes mammaires est facile à comprendre ; qu'on suppose un certain nombre de petits culs-de-sac, de petits cœcums accolés les uns aux autres en certain nombre et dispersés par groupe sur une petite surface, on aura une idée générale de la structure de cet organe.

Les glandes mammaires ne se rencontrent que chez quelques animaux qui, à cause de cet organe, forment un groupe à part, et auxquels on a donné le nom de mammifères. Dans cette classe d'animaux les jeunes, après être sortis du sein de leur mère, ont encore besoin de ses soins pendant un certain temps; il faut qu'ils reçoivent le lait pendant un certain temps.

Nous allons étudier les mamelles chez les différentes espèces de mammifères, en commençant par les genres chez lesquels ces organes offrent le plus de simplicité.

Les marsupiaux, dont l'animal le plus connu est la sarigue, possèdent les organes les plus simples. Le jeune animal après sa naissance est porté par sa mère dans une bourse qu'elle possède sur le ventre; chez la femelle, chacun des petits cœcums dont nous avons parlé vient s'ouvrir à la surface de la peau, et le jeune animal tête en appuyant ses lèvres autour de l'ouverture.

Dans d'autres genres, il arrive souvent que les ouvertures de ces petits cœcums se réunissent, s'anastomosent; plusieurs groupes sont réunis ainsi dans une masse de tissu cellulaire arrondi et terminé en pointe percée d'un grand nombre de petits trous qui communiquent avec les cœcums; c'est ainsi que l'organe est constitué chez la femme, et chez la femelle du rhinocéros.

Si, au lieu de cette disposition, tous les cœcums se réunissent en un seul canal, on aura la disposition de la mamelle de la vache.

Le tissu fibreux entoure, comme nous l'avons dit,

ces petits cœcums ; le sang, amené par des artères spéciales, vient baigner la glande qui en retire le lait, puis, dépouillé des principes utiles à cette sécrétion, il est reconduit vers le cœur par les veines. Des nerfs particuliers viennent d'autre part apporter la sensibilité à ces organes précieux.

Le nombre des mamelles varie suivant les animaux; il est de quatre chez la vache. L'ensemble de l'appareil porte le nom de pis. Il se trouve à la partie postérieur de l'abdomen ; les mamelles forment les quatre angles d'un carré, les deux postérieures étant en général plus développées. Chacune des mamelles est indépendante des autres ; quand on épuise l'une, on laisse les trois autres intactes. La jument, la chèvre et la brebis n'ont que deux mamelles ; la truie au contraire en possède huit ou dix qui s'avancent depuis le ventre jusqu'au thorax ; dans d'autres classes de mammifères la mamelle est tout à fait pectorale. On remarque souvent chez la vache en arrière des mamelles de petits trayons rudimentaires qui ne donnent pas de lait et qui sont au nombre de deux ou de quatre ; c'est en général un bon signe chez une vache laitière ; c'est une preuve que l'organisme tend à la secrétion du lait, et est bien disposé pour cette fonction.

Le lait au point de vue physique est un liquide opalin, il tient en suspension de petits globules de graisse indépendants les uns des autres, qui, plus légers que le liquide, montent à la surface et constituent la crème. Le lait contient en outre une matière azotée ou caséum, une substance carbonée ou sucre de lait et enfin des sels en dissolution dont les plus importants sont le phosphate de chaux et le sel marin.

Voici en moyenne dans quelles proportions entrent ces différentes matières dans la composition du lait :

Matière azotée	3.80
Matières ternaires (sucre de lait)	3.60
Matières grasses (beurre)	4.20
Sels	0.80
Eau	87.60
Total.. ..	100.00

Le lait a une densité qui se rapproche beaucoup de celle de l'eau, elle est de 1.035. Les laits des différents bestiaux n'ont pas la même densité; en les rangeant d'après cette considération et en commençant par la densité la plus forte, on a l'ordre suivant : brebis, chèvre, vache, ânesse, jument; ces deux laits présentent des compositions très-voisines. La quantité de matières solides contenues dans le lait varie aussi suivant les espèces; sous ce point de vue la vache occupe le dernier rang. Nous allons successivement indiquer l'ordre occupé par chacune des espèces que nous considérons pour la quantité des principes dont se compose leur lait. Si l'on considère la matière grasse, l'ordre est le suivant : brebis, vache, chèvre, ânesse, jument. Pour le sucre de lait l'ordre est inverse : ânesse, jument, vache, chèvre, brebis. Pour le caséum, voici l'ordre de richesse : brebis, chèvre, vache, ânesse, jument.

Le lait est loin de présenter toujours la même composition; il varie avec l'alimentation et aussi avec le temps qui s'est écoulé depuis la parturition. Ainsi, immédiatement après cette époque le lait est très-riche en caséine et très-pauvre en albumine, il se coagule facilement; son influence sur le jeune animal est toute spéciale : en même temps qu'il le nourrit, il le purge. La composition du lait varie aussi avec la période de la traite; la différence, qui est peu considérable pour le caséum et le sucre de lait, l'est au contraire beaucoup pour la matière grasse. Il arrive très-souvent que la quantité soit double ; elle est quelquefois quadruple et peut aller jusqu'à être neuf fois plus considérable à la fin qu'au commencement.

En analysant le lait de vaches qui avaient vêlé dix mois auparavant, on a trouvé les chiffres suivants : au commencement 5 pour 100, au milieu 15, à la fin 21 de matières grasses.

Nous avons déjà vu, lorsque nous avons parlé de l'élève des veaux, qu'en Écosse on avait très-habilement profité de ces différences de composition pour former avec le lait des aliments gradués quant à leur richesse en matière grasse. Il est évident que, pour fabriquer du beurre et du fromage, on pourra aussi tirer un certain parti de ces différences.

L'activité de la glande mammaire dépend de certaines conditions; plus l'organe est développé, plus il produit ; son volume annonce qu'il contient un plus ou moins grand nombre de petits cœcums et que par conséquent le rendement sera plus ou moins considérable. Cette activité dépend aussi de la distance qui sépare du part précédent. La sécrétion du lait va toujours en diminuant ; sa durée varie au reste beaucoup avec les races dont quelques-unes peuvent garder leur lait pendant très-longtemps. En habituant la glande mammaire à sécréter, à produire beaucoup, on obtient une plus grande quantité de lait ; par l'exercice et l'habitude tous les organes arrivent à un développement plus considérable. Quand on élève les vaches spécialement pour le lait, on provoque dans le jeune âge les glandes mammaires par des frictions qui doivent les développer davantage. Quand une femelle a déjà vêlé plusieurs fois, elle donne une quantité de lait plus considérable; c'est au troisième ou au quatrième veau que le produit est maximum. Les petits cœcums, habitués à se gonfler de lait, ont acquis une certaine énergie, leur volume a augmenté et par conséquent le rendement doit être plus grand.

L'activité de la glande mammaire est en rapport avec la manière dont on tient les animaux ; quand on spécialise l'action, toute la force vitale se porte sur l'organe qu'on vient mettre en jeu ; ainsi les vaches qui ne travaillent pas produisent plus de lait que celles dont on veut retirer deux produits. Nous retrouvons ici comme toujours ce grand principe de la division du travail, de la spécialisation des fonctions qui, en agriculture comme en industrie, est d'une utilité incontestable.

D'après la composition du lait, on voit que l'influence de l'alimentation est très-grande dans cette fonction comme dans toutes les autres. Pour que l'animal produise de la graisse, du sucre et de la matière azotée, il faut qu'il reçoive ces différents aliments. On voit en outre que les aliments des vaches laitières doivent être peu différents de ceux des animaux à l'engrais, car ce sont des matières de même nature que la machine animale doit produire dans les deux cas. La vache laitière doit de plus absorber une certaine quantité d'humidité qui entrera dans son lait, mais il ne faut pas exagérer cette influence de l'eau ; ce n'est pas avec de l'eau que l'animal fait du lait, c'est avec un sang riche qui peut apporter aux glandes mammaires tous les éléments constitutifs du lait.

Quand la machine animale fonctionne dans un certain sens, elle ne saurait fonctionner dans un autre en même temps; aussi la production du lait et l'engraissement sont deux choses complétement différentes et incompatibles. Immédiatement après le vêlage la femelle maigrit. Les éléments de sa ration employés à faire du lait ne peuvent plus produire de la graisse.

Chez les animaux de boucherie eux-mêmes, la femelle maigrit après le vêlage, mais la sécrétion du lait s'arrête bientôt et l'animal fait de la graisse; chez les vaches bonnes laitières, au contraire, la maigreur est un état constant, permanent, tant qu'elles produisent du lait; c'est ce qu'on peut remarquer chez les vaches de Hollande par exemple; chez les femelles de la race de Durham, au contraire, la maigreur produite par la production du lait s'arrête bientôt avec la sécrétion. Mais il y a ici un point très-important à examiner ; il se peut très-bien qu'une vache laitière tarie puisse s'engraisser, on en a de nombreux exemples; on comprend en effet très-bien que l'activité vitale puisse se reporter sur la production de la graisse après avoir fait du lait. Mais la réciproque n'est pas nécessairement vraie, et il se peut très-bien qu'une vache facile à engraisser, d'une bonne race de boucherie, ne soit jamais qu'une très-mauvaise laitière. Ce point est très-important à constater, car il pourrait y avoir danger à donner, par exemple, à une race laitière des reproducteurs de boucherie; on pourrait faire des bêtes de boucherie, j'en conviens, mais on pourrait aussi ne plus avoir de lait.

Le lait a différentes destinations, il peut servir à l'élève des jeunes animaux, à faire du beurre et du fromage, enfin il peut servir directement à la consommation de l'homme.

Nous avons déjà vu quels en étaient les prix dans ces différentes circonstances : pour l'élève des veaux, il doit coûter 0 fr. 05 le litre, pour la fabrication du beurre et du fromage 0 fr. 10, enfin 0 fr. 15 pour la consommation de l'homme.

La proximité ou l'éloignement d'un grand centre de population, la facilité des transports doivent guider dans le choix de la spécialité que l'on veut embrasser.

Nous devons maintenant nous occuper des caractères auxquels on pourra reconnaître une bonne laitière ; ces caractères sont extrêmement simples, ils sont tirés de l'extérieur de l'animal. Une femelle laitière devra présenter une bonne constitution, une respiration et une assimilation normales ; elle devra avoir un bon naturel, être calme, tranquille ; une femelle qui se défend, qui ne se laisse pas traire facilement, doit présenter quelques vices.

Comment reconnaîtra-t-on qu'une femelle doit donner une quantité de lait considérable ? La mamelle est l'organe le plus important à considérer dans cet examen ; sa forme n'est pas importante, elle est tantôt très-appliquée sur le ventre de l'animal, très-pendante au contraire quelquefois, sans qu'on en puisse rien conclure. Le volume est en revanche très-important à considérer ; il faut examiner le tissu graisseux qui entoure l'organe et tâcher de bien voir si ce sont les glandes très-développées qui donnent un fort volume à la mamelle ou si c'est au contraire de la graisse interposée. Les marchands emploient certains subterfuges pour augmenter artificiellement le volume de la mamelle ; ils suspendent la traite pendant quelque temps, ils lient même les pis avant de conduire l'animal au marché. Le pis gonflé de lait présente alors un volume considérable ; mais on s'aperçoit facilement de ces fraudes aux gouttes de lait que laisse tomber la vache et à la mamelle même qui est extraordinairement distendue. On doit examiner si la peau de la mamelle se détache facilement, ce qui prouve que l'animal a déjà donné du lait et que la traite se fait chez lui sans difficultés.

L'arrière-main très-développée, des hanches larges sont encore des signes d'une lactation abondante, indices qu'on peut corroborer par l'examen des vaisseaux sanguins qui se dirigent vers la mamelle. Il faut aussi étudier les veines conductrices du sang qui a passé par les organes sécréteurs du lait. Les artères sont trop profondément enfouies sous les chairs pour être faciles à examiner. Les veines qui se trouvent sous le ventre, celles qui longent le périnée indiquent par leur gonflement que beaucoup de sang a traversé la mamelle.

Les marchands ont encore l'habitude de considérer certains autres caractères : celui des fontaines du dessus et du dessous sont pour eux très-importants. Les vaches possèdent sur le dos, au point où finissent les vertèbres dorsales et où commencent les vertèbres lombaires, une petite excavation dans laquelle passe une veine ; en pressant cette veine avec le doigt, on la voit se gonfler plus ou moins et on en tire des indices sur la quantité de lait que rend l'animal. La fontaine du dessous est aussi une veine qui a une importance réelle, tandis que la fontaine du dessus n'en a aucune. Il y a aussi une veine qui se trouve sous le ventre de l'animal et qui est quelquefois très-proéminente chez de bonnes races laitières. Nous n'avons pas besoin d'ajouter qu'il n'y a d'autre liaison que celle du nom entre la fontaine du dessus et celle du dessous. Enfin, la production du lait étant contraire au développement de la viande, on considère aussi la maigreur d'une vache laitière comme un bon caractère. L'animal peut présenter des formes anguleuses, désagréables à l'œil; il n'a alors que la beauté d'une machine qui remplit bien ses fonctions.

Comme dernier caractère, la vache doit posséder autant que possible tous les caractères d'une femelle, c'est-à-dire les hanches et l'arrière-main larges, bien développés, tandis que l'avant-main au contraire est plus étriqué; chez les très-bonnes races, il est tout à fait en lame de couteau et la disproportion est pour ainsi dire choquante.

CHAPITRE XV

DU SYSTÈME GUENON.

Nous avons cherché à faire voir quels étaient les caractères auxquels on pouvait reconnaître une vache bonne laitière ; nous devons maintenant exposer un système qui, dédaignant les indications dont nous avons parlé, croit trouver dans certains signes le moyen de reconnaître à coup sûr la quantité, la qualité et la durée du lait chez les vaches. Si ce système est réel, s'il arrive à des résultats certains, il est évidemment extrêmement précieux, aussi allons-nous l'examiner avec soin ; quand nous le connaîtrons bien, nous le discuterons afin de nous faire une opinion exacte sur sa valeur.

Le système Guenon, qui a pris son nom de l'éleveur qui l'a inventé, puise toutes ses indications dans les dessins que forment les poils sur les mamelles et dans la région périnéenne entre les mamelles et la vulve. On voit facilement en regardant une vache par-derrière et en la tenant à quelques pas que la direction des poils est, dans cette région, inverse de la direction des cuisses ; il en résulte dans l'aspect de l'animal un changement de couleur qui dessine une figure plus ou moins régulière appelée écusson.

La surface ou l'étendue que l'écusson embrasse dénote la capacité lactifère; des épis constitués dans l'écusson par des poils prenant une direction inverse de la direction genérale de l'écusson ainsi que la finesse du poil et la couleur de l'épiderme indiquent la qualité et la quantité du lait.

Une peau blanche sur les mamelles et dans les oreilles annonce un produit peu abondant; si au contraire la peau est jaune et qu'en la grattant avec l'ongle on puisse en détacher facilement de petites miettes, on aura un lait riche.

Suivant l'aspect et la grandeur de l'écusson, suivant qu'il s'étend sur la partie périnéenne ou sur la partie mammaire, l'auteur reconnaît dix familles. Ces dix familles sont elles-mêmes subdivisées en six ordres. Primitivement l'auteur en avait établi huit, mais ensuite il a reconnu la division en six ordres comme suffisante.

Pour chacune de ces division l'auteur indique en chiffres la quantité et la durée du lait. Il établit de plus trois catégories de dimension : les vaches grandes, moyennes et petites; les premières pèsent de 350 à 300 kilogrammes; les secondes de 250 à 200 kilogrammes; enfin les troisièmes, qui doivent être assez rares, de 150 à 100 kilogrammes. Enfin M. Guenon a annexé à chacun de ses groupes une catégorie de vaches dont les formes ne rentrent pas dans sa classification et il les a appelées vaches bâtardes.

La complication est grande; mais, telle qu'elle est, on pourrait l'adopter si elle reposait sur des données bien précises; cependant, quand on examine le système avec un peu de soin, il semble qu'on aurait pu beaucoup le simplifier.

Nous ne passerons pas en revue chacun de ces groupes; nous nous contenterons de donner les caractères des premiers ordres de chaque famille.

Les familles portent des noms qui rappellent la race dont elles sortent ou quelque disposition de leur écusson.

La première famille, celle des *flandrines*, est caractérisée par un écusson qui, comprenant toute la partie mammaire, remonte ensuite dans la partie périnéenne et entoure la vulve; il est en outre modifié par deux épis qui se trouvent à la partie inférieure.

Si nous considérons maintenant la dixième famille, celle des *carésines*, qui, au dire de l'auteur, renferme des vaches beaucoup plus pauvres en lait, nous remarquerons facilement qu'il n'a dans l'écusson qu'une partie mammaire et qu'il ne s'étend pas sur le périnée.

Les autres groupes présentent des écussons plus ou moins différents les uns des autres et toujours intermédiaires entre celui des flandrines, les meilleures laitières, et celui des carésines, les plus mauvaises.

Le second groupe est caractérisé par un écusson qui, remontant sur le périnée, se jette d'un côté de la vulve; il a fait donner à la race qui le porte le nom de *flandrine à gauche*.

Le groupe qui vient ensuite, celui des *lisières*, est caractérisé par un écusson qui se termine à la vulve sans remonter d'aucun côté.

Viennent ensuite les *courtes-lignes*, dont l'écusson est formé par une ligne courte qui part de droite à gauche et se réunit en montant près de la vulve à une distance de cinq ou six centimètres.

Le cinquième ordre est celui des *bicornes* dont l'écusson est bifurqué et représente deux cornes montantes : celle de gauche est plus longue que celle du côté droit.

L'écusson des *doubles lisières* présente une forme toute particulière ; séparé dans toute sa longueur par une bande de poil descendant, il monte des deux côtés de la vulve sans l'entourer. Les *poitevines* doivent leur nom à leur écusson qui représente une espèce de dame-jeanne ou de pot de vin.

La forme de l'écusson de la famille suivante, les *équarrises*, a encore déterminé son nom ; il se brise en effet à quelque distance de la vulve et forme un retour d'équerre.

Le neuvième ordre, celui des vaches *limousines*, est caractérisé par un écusson assez régulier qui s'étend au-dessous de la vulve sans la renfermer dans son sein.

Enfin le dernier ordre est celui dont nous avons parlé d'abord concurremment avec le premier, et dans lequel l'écusson est extrêmement court.

Outre les signes de lactation qu'on peut tirer de l'examen des écussons, l'auteur attribue une valeur toute particulière aux épis suivant leur position, leur forme, leur direction. En général, un épi bien assuré, formé de poil lisse, est un bon caractère ; l'épi large, irrégulier, constitué par des poils grossiers, indique une qualité inférieure. L'épi fissard qui se trouve en dehors de l'écusson à droite et à gauche de la vulve ne doit pas avoir de trop grandes dimensions ; dans ce cas il annonce la propriété qu'a l'animal de conserver son lait pendant la gestation. Nous devons dire que l'auteur reconnaît encore plusieurs autres sortes d'épis, l'épi bobin, l'épi vulvé, etc., qui ont tous une signification particulière.

Sans entrer dans plus de détails, il faut se demander s'il y a une explication physiologique de ce système. On en donne beaucoup ; malheureusement elles paraissent être un peu plus le fruit de l'imagination que celui d'une observation sévère et rigoureuse. Ainsi quelques cultivateurs ont-ils dit que la direction du poil remontant, qui constituait l'écusson, empêchait l'évaporation du lait ; nous les laissons avec leur opinion sans nous donner la peine de la discuter. D'autres ont pensé que la direction du poil était en raison de la direction des artères, et que le poil montant dans un sens indiquait que les artères couraient dans la même direction. Cette explication demanderait à être vérifiée par l'expérience, il faudrait prouver cette direction simultanée. Cette preuve n'ayant jamais été donnée, il est permis de passer outre. Enfin, la science, qui a bien aussi son mérite, quoi qu'en dise l'auteur, a cherché en vain une explication de ce phénomène bien curieux et n'a trouvé aucune raison satisfaisante. Quoi qu'il en soit, un fait peut exister sans qu'on l'explique ; voyons donc si réellement les vaches qui présentent des épis bien placés et de larges écussons sont meilleures que les autres.

L'auteur a été mis à même d'expérimenter son système devant plusieurs commissions : sur 171 vaches mises devant les yeux de l'expérimentateur, il y a 152 erreurs. Dans plusieurs autres circonstances encore l'auteur a montré lui-même, par le choix malheureux qu'il a fait, que son système n'était basé sur aucun examen sérieux. *A priori*, il devait en être ainsi. La science n'avance que pas à pas, lentement, après des travaux incessants, et il est impossible qu'on arrive subitement à une méthode qui permette, par un seul examen, de constater les qualités d'une machine aussi compliquée qu'un animal.

Tout ce qu'on peut tirer de ce système, c'est qu'un large écusson, sans avoir égard à sa forme, annoncant des organes sécréteurs du lait très-développés, peut annoncer une vache bonne laitière, pourvu toutefois que les autres caractères dont nous avons déjà parlé viennent concourir avec celui-là.

CHAPITRE XVI

DU RENDEMENT EN LAIT

Après avoir fait la description physiologique de la machine animale comme productrice de lait, après avoir donné les caractères auxquels on peut reconnaître les qualités d'une vache laitière, nous devons examiner le produit en face du producteur, les comparer l'un à l'autre de manière à connaître le rendement, la quantité de matière utile produite. En effet, mon but est moins de donner des détails scientifiques que de mettre le lecteur à même de juger les avantages des spéculations qui ont pour base le bétail.

Deux genres de causes influent particulièrement sur le rendement des vaches laitières. Ces causes sont extérieures ou dépendent de l'animal ; nous allons les étudier successivement.

Parmi les influences extérieures qui agissent sur le rendement, le climat est certainement la plus importante. Une trop grande chaleur ou un très-grand froid sont également défavorables. Cependant, il est certain qu'une température un peu basse convient mieux aux vaches laitières ; toutes nos races situées au nord de la Loire sont bien plus riches que celles qui se

8.

trouvent au sud de ce fleuve. Cet effet a plusieurs causes : la sécheresse des fourrages dans le midi est nuisible, tandis que les prairies toujours un peu humides des climats maritimes conviennent mieux à la production du lait. Il y a aussi une certaine différence d'énergie, d'activité entre les deux pays qui se traduit tout au désavantage des vaches méridionales. Cette différence dans la production est importante à considérer, quand on veut transporter un animal du nord dans le sud, ou réciproquement. Il faut s'attendre dans ce cas, toutes choses étant égales d'ailleurs, à une production moindre ou plus grande. L'habitation des animaux influe encore sur leur rendement ; c'est ainsi qu'on remarque, en général, que la vache des plaines produit plus que celle des montagnes. Enfin les changements brusques de température sont aussi toujours très-nuisibles.

Nous avons dit que certaines causes provenant des animaux influaient sur le rendement du lait. L'âge est une de ces causes les plus importantes ; on ne doit jamais juger une vache à son premier veau. L'activité de certains organes est en raison de leur exercice ; aussi une vache n'est-elle en plein rapport qu'à son troisième ou quatrième veau. Or cette considération est importante à se rappeler quand on veut faire l'acquisition d'une vache laitière ; si le marchand propose un animal qui est ainsi à son troisième vêlage, et par conséquent en plein rapport, il faut se méfier, car il est probable qu'il ne le vendrait pas s'il n'avait quelques défauts. Le temps qui s'est écoulé depuis le précédent vêlage est une cause de variation dans la production du lait, la quantité va toujours en décroissant et finit par cesser tout à fait. Il faut savoir aussi combien de temps la vache garde son lait; il arrive souvent que les éleveurs augmentent considérablement dans leurs appréciations la quantité réelle de lait produit par certaines vaches. Ainsi dans le Bessin on proposait une vache qui, disait-on, donnait 30 litres de lait par jour; toutes vérifications faites, elle n'en donnait que 18. En général les bonnes laitières donnent, en moyenne, 19 litres par jour pendant les trois premiers mois qui suivent le vêlage. Pendant le premier mois cette production peut même s'élever jusqu'à 21 litres. Dans les mois suivants elles en donnent 14 environ.

Au reste ces rendements varient beaucoup avec les races; ainsi à la Grande-Chartreuse, où l'on exploite la race suisse fribourgeoise, on obtient 12 litres, quand la vache est fraîche de lait. La race hollandaise en donne beaucoup plus; la quantité peut varier de 22 à 27 litres pendant les premiers mois. La race schwitz en donne 17; et la race anglaise de Devon, 10. Chez M. Boussingault, à Bechelbronn, les vaches donnent après le vêlage 10 litres, au quatrième mois 9 litres, et la quantité tombe à 5 litres pendant les huitième et neuvième mois. A Paris, les éleveurs, pour trouver leur profit, veulent que les vaches donnent 14 litres environ; ils descendent rarement jusqu'à 9 litres, qui est la quantité minimum; quand la production descend au-dessous, ils mettent les bêtes en état pour les vendre au boucher.

L'abondance d'une production de lait antérieur diminue le rendement qui suit, il y a une certaine alternance dans la quantité du produit; aussi il y a intérêt en général à vendre une vache après un rendement très-abondant pendant une année, car il est probable que l'année suivante le rendement sera beaucoup plus faible.

Mais la cause qui influe davantage, à beaucoup près, sur la production du lait, c'est l'alimentation des vaches laitières. Il faut donner des aliments riches, suffisamment aqueux et facilement digestibles.

Y a-t-il des aliments spéciaux plus favorables que d'autres à la production du lait? A cela je répondrai que tous ceux qui possèdent les qualités que nous venons d'énumérer sont bons. Ainsi des animaux auxquels on a donné des rations équivalentes de foin, de topinambours, de pommes de terre, de navets ont fourni la même quantité de lait. On a beaucoup vanté les fourrages verts, le trèfle, le sainfoin, etc.; ils sont très-nutritifs, suffisamment aqueux, ils possèdent toutes les qualités requises; mais leur réputation tient surtout à ce qu'on les donne en plus grande quantité que les fourrages secs, et que par conséquent l'animal est plus abondamment nourri. Quant aux racines, il faut choisir, toutes choses égales d'ailleurs, celles que l'animal préfère ou qu'on se procure plus facilement. En définitive, le rendement en lait est toujours en raison des propriétés nutritives des aliments. Cependant, il faut remarquer que certains fourrages donnent au lait un goût et une odeur désagréables; les choux, les navets, les laitues, la paille d'avoine sont dans ce cas; les labiées, au contraire, communiquent au lait un arome recherché. Le lait, comme toutes les matières grasses, est très-impressionnable, il dissout facilement les huiles essentielles odorantes qui se trouvent dans les végétaux; au reste tout ce que prend la vache se traduit dans son lait, et c'est ainsi que, pour faire exercer certaines actions sur les jeunes animaux, on se sert de la mère en lui faisant prendre les substances qui doivent agir sur eux. Dans le Midi, pour engraisser les jeunes veaux, on donne à la mère de la farine de maïs dont la graisse passe en majeure partie dans le lait, et de là au veau.

On a peu de renseignements sur la quantité d'aliments qu'il faut donner à la vache laitière; M. Payen propose 3 kilogrammes de foin pour nourrir 100 kilogrammes de poids vivant; M. Boussingault 2 kilogrammes et demi; d'autres auteurs 3 kilogrammes 125, 3 kilogrammes 600, etc. Pour la race cotentine, M. Durand augmente la proportion jusqu'à 5 kilogrammes et demi pour 100 kilogrammes de poids vivant. Au reste ces chiffres sont peu intéressants par eux-mêmes; ce qu'il nous importe surtout de savoir, c'est la quantité de lait produite pour telle quantité d'aliments absorbés. Voici les renseignements que nous fournissent le peu d'expériences tentées dans ce sens : d'après M. Wekerlik une vache cotentine a produit 64 litres de lait pour 600 kilogrammes de foin consommés; une vache schwitz donne 57 litres de lait; d'après M. Boussingault on obtient 63 litres. La race anglaise de Devon en donne 20 litres et la race hongroise 17 litres seulement. Un observateur a opéré sur une vache hollandaise et sur une vache hongroise placées dans les mêmes circonstances, alimentées de la même façon; l'une a donné 60 litres de lait, l'autre 17.

Suivant les races on obtient donc des rendements extrêmement différents : on a remarqué qu'en général les petites races rendent plus que les grandes. A égalité de ration, il est évident que le petit animal prend plus que le grand par rapport à son poids ; il doit donc perdre davantage. Les organes de sécrétion étant plus considérables, les mamelles plus développées, atteignent souvent la dimension de celles des animaux de grande taille. Il suit nécessairement de cette perte plus grande, de ces organes plus développés, que la sécrétion doit être plus considérable, et c'est en effet ce qui arrive.

Quand on veut établir le rendement d'une vache laitière, on mesure le lait produit pendant toute l'année, ou, ce qui vaut mieux, d'une lactation à une autre. Certains auteurs parlent de vaches qui auraient rendu 24 litres de lait par jour, Ther va plus loin et augmente la proportion jusqu'à 67.

Il peut être intéressant de comparer la production du lait en France et en Angleterre, comparaison que nous avons faite déjà pour la production de la viande. L'Angleterre possède trois millions de vaches de bonne race. Nous l'avons vu, les Anglais ont spécialisé leur action sur le bétail, ils ont demandé à certaines races de la viande et rien que de la viande, à d'autres du lait et rien que du lait, et ils sont arrivés ainsi à d'excellents résultats. Les vaches anglaises produisent en moyenne 5 litres de lait par jour; en admettant que la durée de la lactation soit de 250 jours, on arrive à avoir 1,200 litres tous les ans. On aura donc une production totale de 3 milliards 600 millions de litres par an. En admettant qu'on conserve 1 milliard 600 millions pour l'élève des veaux, il reste 2 milliards pour la consommation humaine. L'habitude de prendre du thé pousse, en Angleterre, à la consommation du lait, qui y acquiert une grande valeur ; il vaut en général 20 centimes le litre. Les Anglais convertissent aussi en beurre une grande quantité de bon lait, la cuisine anglaise emploie en effet à peu près exclusivement cette matière grasse.

En France nous avons environ 5 millions de vaches ; la durée de la lactation est d'environ 250 jours, mais nos vaches ne produisent en moyenne que 2 litres de lait ; nous n'avons réellement sur la grande quantité de vaches que nous possédons qu'un quart qui soient laitières, toutes les autres employées surtout au travail ne sont que de très-mauvaises laitières. Chacune de nos vaches produit donc en moyenne 500 litres de lait par an, ce qui nous donne 2 milliards 500 millions de litres de lait. Ainsi, en admettant que 1 milliard 500 millions soient employés à la nourriture des veaux, il ne reste que 1 milliard pour la consommation des hommes. Or, le litre ne vaut que 10 centimes ; ainsi nous avons une production d'un million de francs seulement. L'Angleterre produit, comme nous l'avons dit, une valeur de trois millions avec moins de vaches et un territoire moins étendu. Tel est l'avantage qu'on peut retirer d'une spéculation bien entendue dans laquelle on spécialise les fonctions. La Belgique elle-même, qui n'a au plus que 680,000 vaches, produit autant de lait que nous, grâce aux améliorations qu'elle a su apporter dans les races.

En terminant cette étude de la production du lait, quelles conclusions en devons-nous tirer ? Celles-ci : c'est qu'à moins qu'on ne se trouve dans des conditions toutes particulières, qu'on puisse produire un beurre de qualité supérieure et ayant une réputation acquise, la production de la viande est toujours incomparablement plus avantageuse, plus utile pour la population. Il est bien plus important d'avoir beaucoup de viande que beaucoup de lait.

CHAPITRE XVII

DU TRAVAIL

Nous avons jusqu'à présent étudié le bétail à deux points de vue principaux : comme fournissant de la viande et du lait; nous allons maintenant l'examiner comme animal de travail.

Les animaux se meuvent; la locomotion est la faculté qu'ils possèdent de se transporter d'un lieu à un autre; c'est là l'origine de leur force et de leur travail. Comme toujours, nous diviserons notre sujet en une partie physiologique et une partie économique : nous étudierons d'abord la faculté du mouvement considérée en elle-même dans les animaux, et ensuite nous verrons comment cette faculté peut devenir utile en développant une certaine force, en produisant un certain travail.

Comme toutes les machines, la machine animale en produisant du travail dépense du combustible; elle brûle du charbon comme la locomotive de nos chemins de fer et elle le convertit en force. Nous devons, comme le mécanicien qui connaît la structure de sa machine, ne pas ignorer la construction de la nôtre.

On nomme sang, race, « fond » dans les animaux de

travail, cette énergie, ce ressort qui donne à la machine animale sa vie et son existence. Presque toutes les questions d'amélioration des races travailleuses doivent porter sur cette valeur, il faut augmenter le fond et le sang des animaux.

Au point de vue mécanique, l'animal se compose de deux parties : l'une passive, inerte, qu'il s'agit de mouvoir et de transporter; l'autre, au contraire, qui soutient cette masse inerte et qui de plus lui donne le mouvement. La partie passive, c'est ce qu'on appelle vulgairement le corps de l'animal, la cavité qui contient les viscères et tous les organes de la vie; l'autre partie se compose des jambes, de l'encolure, et de la tête.

Le corps de l'animal est soutenu par une sorte de voûte présentant une grande solidité, et qui, en même temps, composée d'un grand nombre de petites parties, est d'une certaine flexibilité. Cette voûte est soutenue en avant par deux jambes, indirectement jointes à la colonne vertébrale; à l'arrière-main, l'épine dorsale est soutenue à l'aide du bassin et des os des deux autres jambes.

Voyons maintenant comment cette masse va être mise en mouvement. On appelle force, en mécanique, tout ce qui est capable de communiquer du mouvement à une masse quelconque. Dans la machine animale, la force est constituée par des muscles; les muscles, comme nous l'avons déjà vu, sont formés par des faisceaux de fibres, jouissant de la propriété de s'allonger ou de se rétrécir, sous l'influence de la volonté. Les muscles sont plus ou moins enveloppés de tissu cellulaire dans lequel se loge la graisse.

En mécanique, on donne le nom de levier à une

barre inflexible pouvant se mouvoir autour d'un point d'appui. Dans la machine animale, les leviers sont les os qui tournent autour des articulations constituant ainsi les points d'appui. Les muscles s'attachent à ces leviers au moyen des tendons, et peuvent ainsi leur communiquer le mouvement. Plus un muscle renfermera de faisceaux de fibres, et plus il aura d'énergie ; mais il ne faut pas toujours prendre le volume extérieur d'un muscle pour mesure de sa force ; car, comme nous l'avons vu, ce muscle peut être entouré d'un tissu cellulaire rempli de graisse qui en augmente le volume sans lui donner plus de vigueur.

Pour bien faire comprendre la manière dont les muscles agissent sur les os, il faut rappeler quelques notions élémentaires sur les leviers. Il y a dans un levier trois choses à considérer : la puissance ou force active, la résistance, masse qu'il s'agit de soulever, et enfin le point d'appui. On a divisé les leviers en trois genres, suivant la position respective de la force, de la résistance et du point d'appui.

Dans les leviers du premier genre le point d'appui se trouve placé entre la puissance et la résistance qui occupent chacune une des extrémités du levier. La balance est un exemple d'un levier de ce genre. Dans la balance ordinaire, les deux bras de levier ou longueur de la perpendiculaire, abaissée du point d'appui sur la direction de la force, sont égaux ; aussi deux poids égaux se font équilibre. Mais si l'on augmente un des bras du levier en laissant l'autre de la même dimension, on verra bientôt que la force appliquée au grand bras du levier pourra être beaucoup plus faible que l'autre, et cependant lui faire équilibre ; c'est sur ce principe qu'est basée la construction de la balance romaine. Dans le second genre, le point d'appui se trouve placé à une extrémité du levier, la puissance à l'autre extrémité et la résistance à vaincre au milieu ; c'est dans ce genre que se rangent un grand nombre de couperets mobiles à leur extrémité et coupant par leur milieu; les marteaux frontaux qui servent au travail du fer présentent encore un levier du second genre. Enfin, dans le troisième genre, la résistance est à une extrémité, le point d'appui à un autre, et la puissance se trouve entre les deux; la meule du rémouleur en est un exemple bien connu.

Pour compléter ces quelques notions dont nous avons besoin pour bien comprendre la machine animale, nous ajouterons qu'une force a une énergie d'autant plus grande, qu'elle agit sur un levier dans une direction qui se rapproche davantage de la perpendiculaire. Ainsi une force très-inclinée sur le bras du levier qu'elle veut faire mouvoir aura beaucoup moins d'énergie que si elle agissait perpendiculairement à ce même bras de levier.

Si on cherche comment dans les animaux la nature a appliqué ces principes, on trouve que la machine animale ne renferme que des leviers du second genre ; le point d'appui sur l'articulation est toujours fixé à une extrémité, l'insertion du muscle est au milieu de l'os, à l'autre extrémité se trouve la résistance à vaincre. On voit d'après la forme même des membres qu'en général les muscles s'insèrent très-obliquement sur les os; bien que cependant la nature, pour diminuer cette obliquité, ait toujours bombé la tête de ceux-ci, de manière à forcer le muscle à se relever un peu et à prendre ainsi une position plus avantageuse, sous le rapport de la force. En général cette disposition des muscles sur les os est peu avantageuse pour la force, la nature au reste semblant avoir toujours sacrifié la force à la vitesse. La puissance ou les muscles ont toujours d'après leur point d'insertion un bras de levier beaucoup moindre que la résistance ; c'est dans ce cas-là encore la vitesse qui est favorisée aux dépens de la force.

Après avoir ainsi examiné brièvement la constitution de la machine animale, examinons-la en mouvement. Tout mouvement d'une masse peut être considéré comme le déplacement de son centre de gravité. On sait qu'on appelle centre de gravité le point où agit la résultante de toutes les forces de pesanteur agissant sur le corps. Dans le mouvement de la machine animale son centre de gravité est souvent déplacé, et quelques expériences curieuses ont été faites sur ce sujet par M. Baucher. Une jument sellée et bridée pesant 384 kilog. fut placée sur deux bascules, qu'on équilibra; en faisant baisser la tête au niveau du poitrail, il fallut ajouter 52 kilog. sur la bascule postérieure pour ramener l'équilibre ; le centre de gravité s'était porté en avant par suite de cette inflexion de l'encolure. En relevant la tête, il ne fallut plus que 36 kilog. sur l'arrière-main pour faire équilibre, et 26 seulement quant le nez fut à la hauteur du garrot. Cette même jument fut montée par un cavalier pesant 64 kilog. ; en se tenant droit sur la selle, il dut faire ajouter 41 kilog. sur l'avant-main, 23 sur l'arrière-main ; en se renversant en arrière, il en fallut 31 à l'avant-main et 33 derrière; dans cette position, en ramenant la tête de l'animal, le poids fut encore plus considérable en arrière, il fallut 41 kilog. sur l'arrière-main et 23 seulement en avant. Si le cavalier se tenait droit sur les étriers, le centre de gravité était reporté en avant, c'était 35 kilog. sur l'avant-main, 29 sur l'arrière qu'il fallait ajouter.

En général les chevaux bas d'avant-main, dont les jambes de devant sont courtes, ont leur centre de gravité très-porté en avant. La puissance d'impulsion réside tout entière dans l'arrière-main ; en avant il n'y a que des colonnes de support. Les muscles de l'arrière-main fonctionnent comme un ressort ; l'animal, en s'appuyant sur ses membres postérieurs, relève les jambes de devant et avance en détendant le ressort postérieur. Au moment où l'effort cesse et a produit son effet, les membres antérieurs retombent sur le sol pour soutenir le corps, les jambes postérieures redonnent un nouvel essor et ainsi de suite.

D'après ces quelques principes, nous allons voir tout de suite quelles sont les conditions qu'il faut rechercher dans un animal de travail. D'abord plus la colonne vertébrale sera droite, plus le mouvement donné par les membres postérieurs se communiquera facilement et sans subir de perte ; si au contraire la colonne vertébrale présente des courbures, si elle est « ensellée », le mouvement se perdra en quantité notable et la vitesse sera retardée. Plus l'épaule est oblique et plus les muscles qui viennent s'y insérer sont perpendiculaires sur les os, plus par conséquent ils ont d'énergie ; aussi recherche-t-on cette obliquité de l'épaule dans les animaux de travail. La croupe doit être développée autant que possible, tandis que le flanc doit être court. En effet, une croupe large annonce des muscles puissants, un flanc court annonce une partie inerte moins considérable à mouvoir.

En examinant la disposition des différentes articulations de la jambe postérieure dans un cheval, on voit que ces ressorts se plient les uns sur les autres et finissent par se terminer à l'articulation du boulet à laquelle est lié directement le sabot sur lequel repose l'animal. Ainsi tout le poids repose sur cette articulation ; la faculté de flexion qu'elle présente donne une douceur plus ou moins grande aux réactions de l'animal ; cette douceur des réactions est aussi plus grande chez les chevaux ensellés ; car la communication du mouvement, moins rapide, moins énergique, est plus décomposée dans la courbure que présentent les vertèbres et par conséquent l'allure est plus douce aux cavaliers. Les chevaux anglais de vitesse ont en général la colonne vertébrale droite ; cette disposition qui les rend très-durs à monter a fait inventer la méthode de chevaucher dite à l'anglaise.

CHAPITRE XVIII

DES DIFFÉRENTS TYPES CHEZ LE CHEVAL.

Dans ce chapitre nous nous proposons de définir trois types répondant aux différents besoins du luxe et de l'agriculture. Nous allons constituer des animaux remplissant parfaitement le but auquel on les destine, de sorte que, pour juger une race ou un individu, nous n'aurons plus qu'à le comparer à ce type, à voir comment il s'en approche ou s'en éloigne, et nous arriverons ainsi à une appréciation exacte et facile de ses vices ou de ses qualités.

Les types que nous nous proposons de décrire sont le cheval de vitesse, c'est-à-dire le cheval de course, le cheval donnant de la force, autrement dit le cheval de gros trait, et enfin le cheval de luxe, soit de selle, soit d'attelage, qui joint une certaine vitesse à une force suffisante pour remplir les fonctions auxquelles on le destine.

Avant de commencer cette étude, rappelons bien que pour nous la beauté n'a rien d'absolu, que ce ne peut être une affaire de mode. La beauté dans un animal, c'est une disposition de tous ses organes, telle qu'il pourra parfaitement remplir toutes ses fonctions;

L. Rouyer
THIEBAULT

ainsi nous aurons la beauté du cheval de vitesse et la beauté du cheval de gros trait. Parcourir le plus grand espace possible dans l'unité de temps : voilà la beauté du premier. Traîner la plus lourde charge possible dans l'unité de temps : voilà celle du second. De même la beauté pour un bœuf de boucherie sera de fournir la plus grande somme de produits utiles en viande, suif, etc.

Examinons maintenant les qualités propres à chacun de ces types. Pour le cheval de vitesse (*fig.* 8), le corps doit être mince, svelte et long. Il doit être mince, car dans une course rapide l'animal déplace une grande masse d'air et il la déplacera d'autant plus facilement qu'il présentera une moins grande surface ; le cheval doit être long, svelte, pour posséder une plus grande légèreté. Qu'il puisse loger tous ses organes et qu'il n'ait rien de plus. Quand on dit que le cheval doit être long, on entend que cette longueur proviendra de l'obliquité de l'épaule et du développement de la croupe ; quant au rein, au contraire, son peu d'étendue est une bonne qualité, car la masse inerte contenant les viscères est alors peu considérable et toute l'ampleur se porte sur les organes de la locomotion. La peau mince, les crins soyeux, les sabots fins et denses sont des caractères d'une race d'élite ; tels sont aussi une tête large, des naseaux ouverts, des oreilles hautes et hardies. Ce dernier caractère indique spécialement l'énergie dans l'action ; il en est de même pour la queue relevée qui dénote toujours une grande puissance de contraction musculaire. Les maquignons cherchent souvent à donner artificiellement aux chevaux cette queue fièrement relevée. Pour cela ils in-

Fig. 9. — Cheval percheron.

troduisent sous la queue des matières qui peuvent gêner l'animal et l'empêchent ainsi de l'abaisser ; quelquefois même on va plus loin, on coupe les muscles abaisseurs de la queue, dans ce cas elle reste nécessairement levée.

Le cheval de vitesse présente des membres très-développés, il est haut sur jambe, les membres antérieurs sont en général plus courts que les jambes postérieures, par suite l'animal est bas du devant. Cette disposition, qui a l'inconvénient de faire quelquefois buter la bête, est commune à tous les quadrupèdes organisés pour une course rapide. Le lièvre, par exemple, a les jambes postérieures bien plus longues que celles de devant. Les rayons supérieurs sont le plus haut possible, les canons sont courts au contraire, de manière que l'animal n'a qu'une faible contraction musculaire à faire pour relever son épaule. Le garrot est droit et aussi développé qu'il est possible, le ventre rentré ; les chevaux de vitesse présentent souvent cette disposition d'une façon toute particulière, on dit alors qu'ils sont levrettés. Enfin l'encolure ne sera jamais trop longue, car plus elle sera développée, plus l'animal pourra facilement lancer son centre de gravité en avant.

Si nous passons maintenant au type du cheval de gros trait (*fig.* 9 et 10), nous allons trouver des caractères tout inverses. Le corps est épais et pesant, le poitrail est large et développé ; les muscles présentent des masses saillantes qui dénotent la force de l'animal. Ce qui était ardeur, rapidité chez l'autre, se transforme en patience, en force chez celui-ci. Le rein est droit, la croupe est brève et oblique, les rayons inférieurs sont plus longs ; la nature du poil et des sabots est tout à fait différente de ce

Fig. 10. — Cheval boulonnais.

que nous avons observé dans le cheval de course, la corne est moins serrée, le pied plus large, la peau plus grossière.

Entre ces deux types tout à fait opposés vient se placer le cheval de luxe ; moins sec, moins ardent que le cheval de course, il aura des formes plus arrondies, plus douces, moins anguleuses ; son rein moins cerqué le rendra plus agréable à monter, il aura ces mouvements cadencés qu'on aime dans le cheval, ses muscles seront recouverts d'une légère couche de graisse qui rendra le poil soyeux, qui lui donnera de l'éclat ; tout caractérise en lui le cheval plus élégant que fort et rapide.

Maintenant, quelles sont les races qui répondront aux programmes que nous venons d'esquisser brièvement? Pour le cheval de course ce sera le pur sang anglais (*fig.* 8) ; pour le cheval de travail, la race boulonnaise (*fig.* 10), et la race percheronne (*fig.* 9) ; et enfin le cheval andaloux répondra aux qualités du cheval de manége.

En décrivant le cheval anglais, on arrive nécessairement à cette question si longtemps controversée : pourquoi préférer le cheval anglais au cheval arabe? C'est un parallèle qu'on fait plutôt par habitude que par réflexion. Ici, en rappelant la manière dont nous avons posé la question, la solution ne saurait être douteuse. Nous recherchons le cheval qui parcourt le plus grand espace possible dans le moins de temps possible ; c'est le cheval anglais qui répond le mieux à ce type. Pour le fond, pour une course longtemps soutenue, le cheval arabe pourrait lutter peut-être, mais encore un coup ce n'est pas là la question. Le cheval de pur sang anglais, à cause de sa grande taille et des qualités fiévreuses, irritables qu'on a développées en lui, est évidemment le cheval de vitesse par excellence.

La formation de la race chevaline anglaise se divise en trois périodes. La première s'étend depuis le commencement des temps historiques jusqu'en 1603. Pendant ce temps, les Anglais ont passé dans la formation de leur race par toutes les péripéties possibles. Lorsque les Saxons ont envahi la Grande-Bretagne, ils y ont amené les chevaux allemands du Holstein, chevaux dont la race existe encore et qui servent surtout à la remonte de notre gendarmerie. A cette époque les guerriers, couverts de lourdes armures, de cottes de maille, devaient avoir des chevaux puissants. Cependant les plaisirs de la chasse exigèrent bientôt des chevaux plus rapides ; on emprunta cette rapidité aux chevaux du Midi, on introduisit la race barbe, et c'est pourquoi on voit Guillaume le Conquérant dans les tableaux du temps monter un cheval andaloux.

L'introduction des chevaux barbes produisit bientôt des animaux plus légers. Quand Jacques Ier succéda à Élisabeth, il apporta d'Écosse le goût des courses, et en même temps une grande estime pour les chevaux arabes ; dès lors l'Angleterre entre dans sa seconde période, le goût des courses se développant de plus en plus va amener une révolution complète dans la race.

Charles II donna en quelque sorte la dernière main à l'organisation de la race en voie de formation, en faisant faire en Orient, à Smyrne, en Perse, etc., des achats nombreux d'étalons ; les courses de Newmarket acquirent dès lors le succès qu'elles ont conservé depuis ; sous l'influence des reproducteurs arabes la race se perfectionne de plus en plus.

Enfin, sous la reine Anne, au commencement du dix-huitième siècle, la race est fixée, et plusieurs chevaux barbes, Darley-arabian, Godolfin-arabian, donnent un grand nombre de produits excellents, entre autres ce fameux Éclipse, qui a vaincu tous ses concurrents en France et en Angleterre, pendant dix-huit mois. C'était un Godolfin-arabian qui avait été donné au roi de France et était resté longtemps dans les écuries royales sans qu'on parvînt à le dompter. De guerre lasse on le vendit, et un Anglais le découvrit à Paris attelé au tonneau d'un porteur d'eau. Il l'acheta et en obtint comme reproducteur d'excellents résultats. En un mot, les Anglais, en donnant à leurs juments modifiées par le sang barbe des chevaux pur sang barbe ou arabe, sont arrivés à produire cette belle race anglaise que chacun connaît et à concentrer dans leur main la vente des étalons de vitesse pour toute l'Europe.

On est arrivé à ce résultat par le choix des reproducteurs et aussi par un traitement approprié au but qu'on se proposait. C'est ce traitement qu'on appelle entraînement. On cherche par tous les moyens possibles à développer l'énergie de l'animal : pour cela on lui donne des aliments très-substantiels, riches en azote, pauvres en matière grasse ; pour lui conserver toute son irrascibilité, on ne le dresse presque pas ; pourvu qu'il sache tourner, s'arrêter, prendre immédiatement le galop, c'est tout ce qu'on lui demande.

Le cheval anglais est un produit purement industriel, qui n'a nul rapport avec l'agriculture ; le cheval de gros trait est, au contraire, un produit purement agricole. La jument, comme le mâle, a sa place marquée dans la culture du sol. Elle paye sa nourriture par son travail ; elle

Fig. 11. — Cheval arabe.

produit un poulain qu'elle nourrit de son lait. Ce dernier peut être vendu ou conservé pour le travail du domaine ; à deux ans on peut l'appliquer déjà à des travaux peu fatigants, il promène la herse sur le champ ; à cinq ans il est dans toute sa force et traîne la grosse voiture. Pour l'agriculture, le cheval boulonnais (*fig.* 10) répond à ce qu'on lui demande, mais pour tous les autres usages il est trop lourd et trop massif ; on pourrait le modifier en lui donnant du sang anglais, mais, en le modifiant, on l'éloigne de l'agriculture.

Les chevaux légers du midi de l'Europe et du centre de la France tendent de plus en plus à disparaître. On demande aujourd'hui aux chevaux de luxe une taille élevée, et ceux-là sont petits ; on leur demande de la vitesse, et ceux-là n'en ont guère.

A côté des types que nous venons de décrire, viennent se placer des races plus ou moins différentes. Le cheval de chasse est le voisin du cheval de course ; c'est parmi les chevaux de chasse, les hunters anglais, qu'on a pris les reproducteurs destinés à la formation de la race anglaise.

En résumé, nous pouvons distinguer, dans les chevaux de luxe : les chevaux de selle de choix à qui on demande une certaine vitesse ; les carrossiers ; les chevaux à deux fins ; les chevaux de trait léger qui ont une certaine quantité de force et de vitesse, tels sont les chevaux qui servent la poste ; et enfin les chevaux de troupe.

Ceux-ci sont divisés en trois groupes : la cavalerie de réserve, dont les animaux doivent avoir 1m.54 à 1m.60 de hauteur et qui pèsent en géneral 550 kilog. ; la cavalerie de ligne, dont les chevaux ont 1m.48 à 1m.54, et pèsent

447 kilog.; c'est en général dans cette catégorie qu'on prend les chevaux d'artillerie, d'officiers pour l'infanterie, et de la gendarmerie ; enfin les chevaux de cavalerie légère, qui sont de petite taille, de 1m.41 à 1m.48 ; ils deviendront de jour en jour plus difficiles à trouver, si l'avenir ne nous donne pas en Algérie une race excellente pour sa taille, sa rapidité et sa sobriété.

CHAPITRE XIX

L'ANE ET LE MULET.

Le cheval constitue la machine la mieux organisée pour le travail, celle qui développe la plus grande somme de produit avec la plus petite dépense possible ; cependant, en étudiant les animaux de travail, nous ne devons pas passer sous silence plusieurs d'entre eux dont nous n'avons encore rien dit.

L'âne est aussi spécialement un animal de travail, sa structure l'indique suffisamment. Il a, en effet, le garrot peu élevé ; il est bas du devant, il a les épaules saillantes et les membres rapprochés ; il est désagréable au cavalier, dur à monter, aussi place-t-on la selle sur l'arrière-main. L'âne est mal disposé pour les allures rapides, il n'a une certaine solidité qu'au pas, mais alors il est excellent à cause de la sûreté de son pied. L'épine dorsale est très saillante, disposition qui tend encore à le rendre désagréable comme animal de selle ; en revanche c'est une très-bonne bête de bât ou de somme. Au reste, chez nous, l'âne mal soigné, mal nourri, ne donne que des produits très-inférieurs ; mais dans les pays où on l'estime davantage, il prend de la taille et peut devenir assez agréable à l'œil.

Fig. 12. — Baudet du Poitou.

Les beaux ânes des races de Sicile et d'Asie sont recherchés pour la production du mulet. Dans nos provinces du Poitou et de Gascogne, où l'on s'occupe beaucoup de la production du mulet, les ânes mieux soignés que dans les autres parties de la France ont pris une ampleur, un développement remarquables et acquièrent une grande valeur vénale. Il n'est pas rare qu'ils vaillent 150 fr., et on a vu des produits extraordinaires arriver jusqu'à 5,000 ou 6,000 fr. Les ânes de petite taille de nos pays du Nord ne valent guère que de 12 fr. à 100 fr.

Le mulet produit par la jument et le baudet participe à la fois des animaux qui lui donnent la vie; il est comme l'âne, bas du devant. Il a dans sa croupe des caractères qui rappellent l'âne, mais il est plus grand et par plusieurs traits il ressemble au cheval. On a obtenu, au reste, des mulets très-différents comme valeur et comme beauté et dont un certain nombre peuvent être attelés à des carrosses. La production du mulet a pris un très-grand développement dans l'ouest-sud-ouest et le sud de la France à cause de certaines raisons d'alimentation. Le mulet, comme l'âne, est très-sobre ; il ne souffre point de la chaleur comme le cheval, qu'il tend à remplacer dans ces régions du centre, où celui-ci autrefois était très-abondant.

CHAPITRE XX

PARALLÈLE ENTRE LE CHEVAL ET LE BŒUF COMME ANIMAUX DE TRAIT.

Comme animal de travail, le bœuf doit nous présenter les caractères que nous recherchions dans le cheval, un garrot bien sorti, l'épaule large, une bonne constitution des os et une grande puissance musculaire. Cette organisation est en opposition évidente avec celle que nous avons présentée pour l'animal de boucherie ou pour la vache laitière. Il y a contradiction complète. Un bœuf bien bâti pour la production de la viande l'est mal pour la production de la force, et réciproquement. Nous l'avons déjà dit, en France nous ne savons pas spécialiser et on cherche souvent à engraisser les bœufs qui ont travaillé. On peut arriver, sans doute, à cet engraissement, mais on n'a jamais un animal qui approche de ceux qui ont été élevés spécialement pour la boucherie.

On a voulu apprécier la vitesse relative du bœuf et du cheval. Voici le résultat trouvé : on peut admettre qu'un bœuf non chargé parcourt en une seconde un espace égal aux 56 centièmes de sa hauteur à partir du garrot ; si le bœuf avait $1^{m}.50$, il parcourrait $0^{m}.84$. S'il prend un pas allongé, il peut parcourir les 66 centièmes de sa taille ou $0^{m}.99$, ce qu'on prendra pour 1 mètre. On admet que cette allure représente les deux tiers de celle du cheval ; dans une seconde un cheval parcourra les 84 centièmes de la taille prise au garrot, ce qui donnera dans le cas présent $1^{m}.26$; au pas allongé, cet espace sera égal à sa taille et par conséquent ce sera $1^{m}.50$. Le travail utile n'exigeant pas seulement de la vitesse, mais aussi de la force, on a cherché à apprécier cette force. Young prétend que, si les bœufs travaillaient au collier, ils feraient au moins autant de travail que les chevaux ; cependant on peut dire qu'en général le collier n'est point pour le bœuf aussi avantageux que pour le cheval à cause du peu de longueur de son épaule. M. de Vrack admet que le cheval ayant plus de vitesse ne travaille pas aussi longtemps. M. Villeroy a présenté des expériences concordant avec celles de M. de Gasparin, d'après lesquelles le travail utile du cheval est à celui du bœuf comme 3 à 2. D'après d'autres auteurs, ce rapport serait de 4 à 3. Mathieu de Dombasle admettait le rapport de 5 à 6. Dans toutes ces approximations, ce serait la première qui présenterait les plus grandes différences.

Outre l'avantage marqué que tous les auteurs accordent au cheval comme animal de travail, il en présente encore plusieurs autres. Le bœuf est essentiellement lent et ne se presse jamais ; dans un moment critique il ne sait pas comme le cheval faire un ouvrage double de celui qu'il fait ordinairement. En revanche, le bœuf a une grande valeur, quand il s'agit de travaux exigeant plus de patience et de constance que d'ardeur. Dans les terrains durs et pierreux, le cheval dans un moment d'énergie surmonte l'obstacle par des secousses réitérées qui peuvent briser l'instrument, le bœuf au contraire agira toujours de la même façon et, en accumulant ses forces, peu à peu finira par triompher de la résistance. Dans les terrains humides et bourbeux le bœuf est encore préférable, il peut travailler dans des endroits où le cheval enfoncerait jusqu'au poitrail ; en revanche le bœuf s'use rapidement sur les terrains secs ou sur la gelée. Enfin le point le plus important de la supériorité du cheval est qu'il fournit plus de journées de travail. Thayer constate qu'en Allemagne le cheval donne 300 journées de travail dans un an; le bœuf 250; ainsi le travail du bœuf serait à celui du cheval comme 6 est à 5. L'économiste Crin admet que le cheval donne 260 journées, et le bœuf 220 ; le rapport serait alors de 6. 5 à 5. 5. M. Villeroy admet qu'un cheval donne 222 journées et un bœuf 160; le rapport est alors de 3 à 2, les différences pouvant s'expliquer facilement par les bêtes employées et par la nature des exploitations.

Le travail des vaches est parfois très-vanté et quelquefois très-déprécié ; elles travaillent en réalité moins que les bœufs, on admet généralement que le rapport est de 3 à 2. Les vaches ont pour le travail certaines aptitudes, elles remplissent mieux que les bœufs certains travaux, elles sont moins maladroites. C'est dans le Midi surtout qu'elles sont employées avec succès ; au reste la division des propriétés répandra de plus en plus la culture par les vaches. Bien que cet emploi diminue sa production en lait, retarde l'arrivée des chaleurs, il est naturel cependant que le cultivateur qui exploite son domaine avec ses bras se fasse aider par l'animal qu'il aura toujours le plus facilement et qui pourra ainsi lui rendre toutes espèces de services.

Dans certaines circonstances, il semble qu'on ne devrait travailler qu'avec les chevaux, et cependant on travaille avec les bœufs. Ainsi dans le nord de la France, aux environs de Valenciennes, où la culture est très-avancée, on emploie spécialement le cheval, soit la race boulonnaise, et non les chevaux flamands, qui sont beaucoup moins bons ; mais il y a une tendance générale à travailler avec les bœufs. Cette substitution est justifiable suivant les circonstances où l'on se trouve. D'après les fabricants de sucre, par exemple, l'agriculture n'est qu'une annexe de l'industrie ; ils ont une grande quantité de pulpes de betteraves à consommer ; cette nourriture ne convient pas au cheval, tandis qu'elle est parfaite pour les bœufs ; de plus la jument est en gestation au moment où la fabrique est en plein travail, dans ces circonstances on a donc intérêt à substituer le travail des bœufs à celui des chevaux. On ne peut donc pas poser en règle générale que le travail par les bœufs soit une preuve d'un état agricole peu avancé. Tout dépend des circonstances dans lesquelles on se trouve, et nous voyons que le pays de France où la culture est la plus parfaite, dans la Flandre qu'on a nommée à juste titre la ferme-école de la France, on travaille avec les bœufs. La race employée est la race hollandaise; elle se compose d'animaux très-forts, très-gros, bien organisés pour le travail. Ils sont essayés à la course, on leur fait faire de quatre à cinq lieues par heure au trot.

En résumé, on ne saurait dire d'une façon absolue que le travail du cheval vaut mieux que celui du bœuf. Il faut se rappeler que le cultivateur ne crée pas la force pour la force, il la prend où elle se trouve plus avantageusement d'après les conditions d'exploitation ; dans les chevaux quand il est dans un pays où cet animal abonde et se nourrit facilement; dans les bœufs ou dans les vaches quand il trouve plus de facilité pour les nourrir ou que son industrie lui procure des aliments à bon marché pour ces animaux.

CHAPITRE XXI

DE L'ALIMENTATION DES ANIMAUX DE TRAVAIL.

Dans ce chapitre nous allons nous occuper de la question de l'alimentation des animaux de travail. Jusqu'à présent nous avons vu le produit, maintenant occupons-nous de la consommation, de la dépense.

On peut dire qu'il y a deux degrés dans le travail : l'exercice et le travail utile productif. L'exercice est la condition nécessaire de la nutrition des organes, il est surtout nécessaire aux jeunes animaux pour entretenir leur santé. Le travail a la même influence que l'exercice, il a une action énergique sur l'organe qui fonctionne, l'activité s'y porte et en même temps cette activité se répand dans toutes les autres parties de l'organisme ; la digestion se fait plus facilement, la respiration s'accomplit plus régulièrement. Le travail intense exige cependant certaines précautions : le premier principe sera d'appliquer l'animal seulement au travail auquel il est spécialement apte. Si on exige de lui un travail qui est au-dessus de ses forces, il pourra le donner d'abord, puis il se ruinera promptement et on aura fait une fausse spéculation. Il faut aussi proportionner le travail à l'âge de l'animal.

Dans la jeunesse il ne faut donner que des travaux faciles à accomplir et les graduer peu à peu avec l'augmentation des forces. Après le travail, il faut laisser l'animal au repos, car il ne saurait travailler d'une façon continue. Au reste il y a une sorte de repos actif qui peut très-bien convenir, c'est d'alterner les travaux; après une tâche ardue un travail doux et facile. Mais, ce qui est encore plus important que tout ce que nous venons de dire, c'est de proportionner l'alimentation au travail, et en outre de toujours nourrir l'animal substantiellement. Ces économies de nourriture qui se font journellement sur les animaux de travail sont tout aussi déplorables que lorsqu'elles s'exercent sur des bœufs à l'engrais ou des vaches laitières.

Reprenons ici la marche que nous avons toujours suivie jusqu'à présent. Avant de parler de l'alimentation des animaux de travail, il faut étudier la constitution de leur appareil de digestion.

Le cheval, d'après son organisation, est essentiellement herbivore. Ses dents incisives sont bien organisées pour couper l'herbe, les molaires présentent une surface large sur laquelle l'émail fait des saillies qui entrent l'une dans l'autre et qui coupent l'herbe comme des ciseaux. L'herbe ainsi divisée en une foule de petits fragments, humectée par cette liqueur alcaline nommée salive que sécrètent des glandes placées dans l'intérieur de la bouche, se rend dans l'estomac. Chez le cheval, cet organe est très-petit par rapport à sa taille ; l'estomac jouit de la propriété de sécréter le suc gastrique liquide très-acide qui agit sur les aliments pour les rendre assimilables par l'économie.

La digestion commencée dans l'estomac se continue dans les intestins et, par suite de la petitesse de cet organe, l'animal tend à devenir pensard. D'après ces seules données, nous sommes conduits déjà à donner au cheval un système d'alimentation tout particulier. La petitesse de l'estomac nous oblige, en effet, à fournir à l'animal ses aliments sous une forme très-nourrissante, pour que tout ce qui lui est nécessaire soit représenté sous un petit volume; comme il ne peut accumuler des aliments, il mangera souvent, et il mangera longtemps s'il n'a pas des aliments très-riches.

L'estomac du bœuf, des moutons et de tous les ruminants est disposé d'une façon toute différente. Cet organe est composé de quatre cavités. La plus grande, dans laquelle les aliments arrivent directement en sortant de l'œsophage, s'appelle herbier; c'est dans cette poche que l'animal place ses aliments en réserve, les accumulant ainsi tant qu'il se trouve en présence de la ration, et se réservant plus tard de les travailler de façon à pouvoir se les assimiler. A côté de l'herbier se trouve le bonnet, qui présente une disposition intérieure analogue au gâteau de cire des abeilles. Enfin les deux autres cavités sont le feuillet, ainsi nommé à cause de sa ressemblance avec les pages d'un livre, et la caillette, seule partie de l'estomac où s'exerce réellement la digestion, puisque c'est la seule qui sécrète le suc gastrique. Nous avons dit que, lorsque l'animal mange ses aliments, ils arrivent grossièrement humectés en contact avec le feuillet. Cet organe est pourvu à sa partie supérieure, à la naissance de l'œsophage, d'une petite ouverture susceptible de se fermer quand elle est en contact avec des corps solides, mais qui est facilement traversée par les matières visqueuses. L'aliment à sa première absorption arrive donc dans l'herbier. Quand l'animal ne prend plus de nouvelle nourriture et qu'il rumine celle qu'il a déjà fait passer dans l'herbier, celui-ci se contracte et fait remonter peu à peu les aliments dans l'œsophage et de là dans la bouche; ils y subissent une seconde mastication, et, quand ils sont avalés une seconde fois, ils ont pris sous l'influence de la salive une consistance visqueuse qui leur permet d'entrer dans la caillette où ils subissent alors la véritable digestion. A côté du détail anatomique, voici l'application immédiate : le bœuf, absorbant une quantité considérable d'aliments, pourra recevoir des substances peu nourrissantes que nous avons vu être insuffisantes pour le cheval à cause de l'étroitesse de ses organes digestifs.

Ce n'est pas tout de connaître les principes suivant lesquels doivent être nourris le bœuf et le cheval ; il faut aussi savoir la ration à donner à ces animaux. L'économie du cheval repose sur une ration de paille, de foin et d'avoine. Quand cette dernière est rare, on peut la remplacer par de l'orge, qui présente à peu près la même composition comme matières azotées et matières respiratoires; cette substitution a lieu dans presque tout le midi de l'Europe. En Angleterre, on donne volontiers au cheval des féverolles; en Amérique l'avoine est remplacée par le maïs, qui est aussi extrêmement nourrissant. On a souvent cherché à composer pour le cheval une ration plus économique que celle dont nous venons de parler. Ainsi on avait proposé le seigle cuit, qui a médiocrement réussi ; il est important de bien considérer ici que la cuisson dans l'eau fait gonfler la graine et qu'elle présente par conséquent un poids et un volume plus grands pour une même masse nutritive; ainsi il faudra donner un poids plus grand de grains cuits que secs. En 1829, époque à laquelle l'avoine était très-chère, l'administration des postes à Paris fit préparer une sorte de pain dans lequel entraient $^1/_3$ de farine de froment, un $^1/_3$ de farine d'orge, un $^1/_3$ de farine de féverolles; on l'essaya sur des chevaux déjà vieux qui firent un assez bon service. Un peu plus tard, on renouvela l'essai avec un pain composé de un $^1/_3$ de farine bise, un $^1/_3$ de farine de seigle, un $^1/_3$ de farine de féverolles. En 1834 l'idée du pain fut surtout exploitée à Paris, on le préparait avec beaucoup de farine d'avoine, un peu de froment et d'orge avec du sel. Le kilogramme de ce pain remplaçait dans la ration 6 kilog. d'avoine. Quelques chevaux le refusèrent, d'autres plus âgés l'acceptèrent et finirent par s'y habituer ; mais, comme ils suaient beaucoup et rendaient moins de services, on finit par renoncer à cet essai.

L'économie produite par cette alimentation était considérable : 6 kilog. d'avoine valent 1^{fr}.80 et le kilog. de pain présentant la même somme de matières nourrissantes coûtait 0^{fr}.72. M. Dailly essaya encore un autre pain qui contenait un $^1/_3$ de marc de pommes de terre, de la farine avec de la paille et un $^1/_4$ d'avoine environ ; il faisait par jour une économie de 0^{fr}.30. On reconnut cependant bientôt que les chevaux fatiguaient plus qu'à l'ordinaire, et l'alimentation panaire fut généralement reconnue peu favorable à ces animaux. Au reste ils acceptent tous les aliments, pourvu qu'on sache les leur donner en quantité convenable ; foin, paille, avoine, betteraves, carottes leur sont bons. On a prétendu que les pommes de terre cuites au four étaient dangereuses pour le bétail. Pour les ruminants elles ne peuvent avoir aucun inconvénient à cause de la capacité de leur estomac; mais, la fécule desséchée se gonflant énormément au contact de l'eau, on comprend qu'elle puisse être désavantageuse pour les chevaux, bien qu'on ait plusieurs exemples où cette alimentation n'a occasionné aucun accident.

Voici quelques chiffres indiquant les rations de chevaux employés à différents usages :

	Foin en kilogr.	Paille en kilogr.	Avoine en kilogr.
Étalon de sang.......	3 à 5	7	6 à 9
Jument de sang.......	2 à 6	7	7.8 à 4.7
Cavalerie de réserve...	5.0	5	4.2
Cavalerie de ligne......	4.0	5	3.4

Ces rations, surtout celles de la cavalerie, sont suffisantes pour des chevaux à qui on demande peu de chose, ou qui du moins ne font aucun travail pénible ; elle est même plus que suffisante en matières grasses, puisque ces chevaux prennent de l'état dans ces conditions d'alimentation. Mais il n'est pas douteux qu'il faudrait augmenter cette ration, surtout en matières azotées, si on leur demandait un travail plus considérable. Ces résultats sont tirés des expériences que j'ai eu lieu de faire sur des chevaux de la garnison de Versailles. D'après leur poids, ils reçoivent en général $^1/_{10}$ de moins en matières azotées que leur organisation semble le comporter d'après les expériences faites par M. Boussingault sur un cheval travaillant dix heures par jour.

Il est donc certain que, du moment qu'on demande aux chevaux de troupe des services sérieux, comme ceux qu'ils sont appelés à rendre en campagne, il faut augmenter la quantité de matières azotées qu'ils reçoivent journellement.

CHAPITRE XXII

DE LA REPRODUCTION.

Nous arrivons à l'étude d'une des fonctions les plus intéressantes de l'économie animale, de la reproduction. Cette fonction a pour but d'assurer la perpétuité de l'espèce. Mais les animaux domestiques n'obéissent pas en toute liberté aux lois de leur nature. L'homme préside à l'accomplissement de leurs actes reproducteurs et les règle. C'est le moyen qu'il possède de veiller à la multiplication d'êtres qui lui sont utiles ; c'est un des plus puissants modes d'action dont il dispose pour imprimer à la machine animale les caractères et les qualités qu'il en exige, c'est une des ressources les plus efficaces auxquelles il puisse avoir recours pour modifier les races suivant ses vues.

Comme dans les études précédentes, la physiologie sera la base de tous nos raisonnements. Il nous faudra donc d'abord étudier la faculté reproductrice en elle-même, et à cet effet j'entrerai dans quelques détails anatomiques, afin de faire comprendre le mécanisme des différents organes qui concourent à la reproduction. Quand nous aurons ainsi acquis quelques notions sur ce phénomène, je diviserai notre sujet en quatre parties :

1° L'influence des reproducteurs sur le produit, leur fécondité et les chaleurs.

2° L'acte de la reproduction, l'union des animaux.

3° La grossesse et la parturition.

4° Enfin, après l'accouchement, les soins à donner au jeune animal.

Nous aurons suivi l'animal dans les différentes phases de son existence, suivant le but auquel on le destine, soit qu'on en fasse un animal de boucherie, ou un animal laitier, ou un animal de travail, soit qu'enfin on l'exploite comme reproducteur et qu'il donne ainsi naissance à d'autres êtres qu'on emploiera à telle ou telle spéculation.

La faculté que possèdent les animaux de reproduire leur espèce dépend d'une certaine organisation et d'un certain tempérament.

Dans les animaux domestiques, les organes de la reproduction sont pour ainsi dire parallèles chez le mâle et la femelle. Chez le premier la liqueur fécondante est sécrétée par des glandes particulières, les testicules; chez la seconde l'ovaire est l'organe donnant naissance au principe qui doit être fécondé. Le conduit par lequel s'échappe le sperme ou liqueur fécondante prend chez le mâle le nom de canal déférent; chez la femelle on nomme ovident ou trompes de Fallope, le conduit qui doit donner passage à l'ovule et le conduire dans l'organe où s'opérera la fécondation, la matrice. Les autres parties de l'organe reproducteur de la femelle lui sont tout à fait spéciales et ne trouvent plus leurs analogues chez le mâle. Quand la femelle est arrivée à l'époque de puberté, l'ovaire sécrète, à des époques plus ou moins rapprochées, suivant les espèces, un petit œuf qui pourra être fécondé par la liqueur spermatique du mâle. Cet ovule, produit en dehors de tout rapprochement sexuel, est chez les mammifères tout à fait analogue à l'œuf des oiseaux, moins l'enveloppe calcaire et albumineuse qui existe dans ceux-ci.

Lorsque l'ovule a été sécrété par l'ovaire, il se gonfle peu à peu et finit par déchirer ses enveloppes, il tombe alors dans l'ovident qui le conduit ensuite dans la matrice, d'où il sort par le vagin et la vulve, emporté par les excrétions, si dans ce parcours il n'a pas rencontré la liqueur mâle fécondante. Après la chute de l'ovule, l'ovaire garde une cicatrice plus ou moins apparente. La matrice, dans laquelle doit se faire l'incubation, est située entre l'extrémité du gros intestin et la vessie ; chez les femelles qui ont porté plusieurs fois elle est distendue et se plisse; ces plis n'existent pas au contraire chez les femelles encore vierges. La vulve débouche ensuite dans le vagin, organe de copulation, et celui-ci est mis en contact avec l'extérieur par la vulve.

On aperçoit souvent chez les femelles qui ont porté plusieurs fois des sutures sur la vulve ; ce sont des preuves que la parturition a été difficile, qu'elle a pu amener des accidents qui mettent la vie de l'animal en danger ; ces considérations sont importantes quand on veut faire l'achat d'un animal. Lorsque la fécondation a été opérée, la matrice prend de grandes proportions, elle déplace plus ou moins les organes voisins et augmente la grosseur de l'abdomen. Les organes sécréteurs et l'ovaire occupent différentes positions, suivant l'âge des animaux. Ils descendent en général à l'époque de la puberté, en emportant avec eux certaines enveloppes. Les chutes plus ou moins retardées de ces organes, ou le développement intempestif de quelques parties des organes femelles ont donné lieu aux fables de l'hermaphroditisme.

L'organe mâle, dont nous n'avons pas encore fait la description, se compose, à part les testicules qui pendent au-dessous du bassin, du canal déférent qui présente une partie attachée à la peau de l'abdomen et une partie qui est, au contraire, entièrement libre et dont l'extrémité présente une forme ovulaire ; la face interne est plus ou moins parsemée de petites glandes sécrétant des liquides qui pourraient amener des maladies s'ils existaient en trop grande quantité ; toutes ces questions sont importantes à examiner.

Nous avons dit que la reproduction des animaux tenait à la disposition de leurs organes et à leur tempérament; les animaux bien constitués ne sont pas également aptes à l'acte de la reproduction. On a remarqué en effet que les femelles nerveuses étaient en général moins fécondes que les femelles lymphatiques ; elles ont souvent des désirs plus intenses, elles sont plus disposées à accomplir l'acte de la génération, mais elles retiennent moins bien ; le tempérament lymphatique est en général celui qui annonce une femelle plus féconde. Il faut bien comprendre que nous n'entendons pas, par tempérament lymphatique, la faiblesse et l'apathie, mais une certaine vigueur sans entraînement, une certaine force peu énergique, un certain calme difficile à détruire. Quand il s'agit, par exemple, d'obtenir des produits qui ne sont pas naturels, les mulets, par exemple, il est bon d'employer à cet usage ces femelles lymphatiques, la race du Poitou ou mulassière est précisément apte à remplir ces fonctions ; on pourrait réussir également avec les races flamande et boulonnaise.

Il y a un certain nombre de causes qui influent plus ou moins sur la fécondité. La première, le climat, qui à l'état de nature agit très-puissamment, est beaucoup moins important à considérer dans la domesticité.

Il ne faut point exagérer non plus l'influence de l'alimentation : tout en étant bien nourris, les reproducteurs ne doivent pas cependant arriver à l'embonpoint. L'existence d'une parturition précédente est en général une bonne condition pour les parturitions suivantes. Enfin, on peut hâter jusqu'à un certain point l'apparition des désirs de rapprochement entre les deux sexes en plaçant les animaux dans une même étable ; cependant cette cohabitation peut parfois amener de mauvais résultats : il en résulte chez la femelle des chaleurs fugaces, qui, répétées un certain nombre de fois, occasionnent la stérilité et les empêchent même d'être engraissées.

Comment faudra-t-il choisir les reproducteurs, quels seront les caractères auxquels on reconnaîtra les animaux particulièrement aptes aux fonctions de reproduction ? Il faudra choisir les animaux chez lesquels les organes seront aussi développés que possible. Il faudra que le mâle ait des testicules présentant un volume considérable, que ces organes soient doués d'une extrême sensibilité. Il faut faire cette étude avec soin, car un simple coup d'œil ne suffirait souvent pas pour apprécier les qualités ou les défauts d'un étalon ; la disposition des testicules sera aussi intéressante à examiner, car leur place varie suivant les espèces ; avant l'accouplement il faudra aussi s'assurer de la netteté parfaite des organes.

Le bassin le plus large possible, une tête fine et légère, seront des caractères excellents chez une femelle; si elle est un peu ensellée par suite du poids que son ventre a eu à supporter, ce ne sera même pas un inconvénient.

Les animaux stériles peuvent être divisés en deux catégories : ceux qui le sont naturellement et ceux qui ont perdu artificiellement la faculté reproductrice. Les mulets sont inféconds naturellement, les animaux castrés ont été enlevés à la reproduction par suite de la volonté de l'homme. La castration, qui est pratiquée sur presque tous les animaux domestiques, a pour but d'enlever à la reproduction les animaux qu'on destine à un autre usage ; elle sert encore à triompher du caractère difficile, de la méchanceté d'un animal. La castration a aussi une grande influence sur le développement de l'animal : le cheval entier a plus de feu, de vigueur, d'énergie que le cheval castré ; les maquignons cherchent aussi à conserver à leurs chevaux quelques-unes de ces qualités en ne les vendant point castrés ou en les castrant tard. Les taureaux ont toujours l'avant-main beaucoup plus développé que les bœufs ; et ceux-ci mêmes, lorsqu'ils ont été castrés tard, conservent une avant main puissante qui les fait facilement reconnaitre.

L'époque de la castration doit varier suivant les résultats qu'on se propose d'atteindre : si l'on veut avoir du travail, il faut castrer tard pour garder à l'animal le plus d'énergie possible ; si l'on veut engraisser, il faut castrer tout de suite. Quoi qu'il en soit, on peut dire qu'en général il faut se hâter d'opérer les animaux qu'on ne veut pas conserver pour la reproduction ; car la castration est toujours une opération grave, mais qui est plus dangereuse à l'âge adulte que dans l'extrême jeunesse.

CHAPITRE XXIII

DE L'HÉRÉDITÉ. — DE L'ATAVISME

Examinons maintenant quelle est l'influence des reproducteurs sur leurs produits. L'influence de l'hérédité sur les animaux est admise partout; quelques observations suffisent pour montrer qu'elle est réelle. On n'a qu'à parcourir un pays où l'on élève des chevaux, et à examiner les produits d'un même étalon, on trouvera en eux une grande ressemblance. Si on avait fait des observations exactes sur ce sujet, je ne doute pas qu'on ne fût arrivé à d'excellents résultats; malheureusement les faits manquent presque absolument, et il est fâcheux qu'une administration qui a eu pendant longtemps de magnifiques animaux à sa disposition n'ait rien publié sur ce sujet. L'influence des reproducteurs ne s'exerce pas seulement sur les produits immédiats, mais elle passe aux descendants à un degré très-éloigné. Le père et la mère apportent leur organisation propre et de plus les germes déposés chez eux par leurs ascendants et qui ne sont pas encore développés. Ce phénomène, extrêmement remarquable, doit nous occuper maintenant. Pour le désigner plus facilement, nous emprunterons un nom à une autre science, nous l'appellerons l'*atavisme ;* pour nous l'atavisme sera donc l'hérédité par delà un certain nombre de générations.

C'est de la réunion de ces deux causes, atavisme et hérédité, que résulte la formation des races. Prenons un exemple. Supposons deux familles bovines, un taureau et une vache d'un côté et un taureau et une vache d'un autre côté ; chacune de ces deux familles donnera un produit ; si nous réunissons ces deux produits, ils donneront un animal qui non-seulement portera les caractères de son père et de sa mère, mais qui réunira de plus les qualités et les défauts de ses aïeux. Si nous n'introduisons plus d'autres individus dans cette famille, que nous laissions les individus se réunir, au bout de quelques générations tous les caractères propres aux premiers parents auront apparu et on aura des animaux qui se reproduiront exactement semblables à leur père. En réunissant un mâle et une femelle, on sera sûr du résultat : la race sera faite, car la constance est le caractère auquel on peut reconnaître qu'une race est fixée. Pour arriver à ce résultat, il faut s'efforcer d'épuiser promptement cette influence de l'atavisme, et le moyen, c'est celui que nous venons d'indiquer dans cet exemple, c'est l'union entre parents de la même famille. C'est là une méthode prompte et rapide pour constituer des races.

Maintenant, que nous connaissons l'influence de l'atavisme, voyons quelles sont les méthodes qu'on a préconisées pour la création des races. Il y en a deux qui sont tout à fait différentes, le croisement et la sélection.

Le croisement consiste à unir des reproducteurs de races différentes, de manière à obtenir une race qui soit intermédiaire entre les deux précédentes et qui jouisse par conséquent des caractères mixtes, empruntés à l'une et à l'autre.

La sélection, c'est le choix fait dans une seule race d'animaux jouissant des qualités qu'on veut obtenir ; c'est, en les appareillant ensemble, continuer à choisir dans les produits ceux qui présentent encore les meilleures qualités pour le but qu'on se propose d'atteindre.

Une troisième méthode se rapproche de la sélection, c'est celle que les Anglais ont appelée la consanguinité ou union dans laquelle on choisit non-seulement les animaux destinés à la formation de la race dans une race unique, mais encore dans la même famille.

D'après ce que nous avons dit sur l'influence de l'hérédité et de l'atavisme, on voit facilement que le choix des reproducteurs est d'une grande importance et qu'il est utile de connaître leur généalogie.

Toutes les fois qu'on a voulu s'occuper sérieusement de l'amélioration des races, il a fallu tenir compte de ces généalogies. C'est ainsi qu'on a dressé des listes, publié des livres, en Angleterre et en France, pour les races des chevaux de course d'abord, puis pour certaines races agricoles. On a souvent prétendu que les Arabes avaient fait la même chose, mais c'est une opinion erronée, ils n'ont même pas conservé par tradition la descendance de leurs produits. Toutes les fois qu'un acheteur européen voudra avoir un animal d'une filiation connue, le marchand arabe ne manquera certes pas de trouver des témoins attestant par serment qu'il descend de tel ou tel animal; mais cette preuve n'est nullement sérieuse. La bonne foi des Arabes a toujours été fort suspectée. Le Studbook renferme la généalogie de tous les chevaux de pur sang anglais. Toutes les précautions possibles ont été prises pour qu'il ne s'y mêlât aucune erreur. La chose était d'ailleurs facile, vu le petit nombre de reproducteurs, ayant dans le principe concouru à la formation de la race. S'il y a eu au commencement dix juments ayant servi à la formation de la race, elles ont en quelque sorte chacune par leurs produits donné lieu à des pyramides qui, en se pénétrant par la base, montrent ainsi l'union des différentes familles dans les produits actuels.

L'importance qu'on attache à l'hérédité et à l'atavisme est donc bien démontrée. Mais quelle influence peuvent avoir ces causes dans le croisement? Le croisement est, à mes yeux, un très-mauvais moyen pour obtenir une race. Prenons une jument boulonnaise, par exemple, donnons-lui un étalon percheron; le produit, qui pourra être très-beau comme animal de travail, sera boulonnais-percheron; si c'est une jument et que nous l'employions comme reproducteur en lui donnant un pur sang anglais, le produit sera à la fois boulonnais, percheron et anglais; encore un coup, comme produit, ce sera peut-être un excellent animal, ayant gardé la force et la puissance de ses aïeux et ayant acquis par son père de l'élégance et de la légèreté; mais cet animal, si bon comme produit, sera détestable comme reproducteur. Il faudra un temps énorme avant que tous les caractères qu'il a empruntés à des races si différentes soient apparus; on ne pourra jamais être certain du produit en unissant des animaux provenant d'un pareil croisement, et par conséquent la race ne sera pas faite.

Sait-on d'avance quelle part d'influence ont le père et la mère dans le produit ; sait-on comment et dans quelles proportions leurs caractères particuliers seront reproduits ? Sur cette question on a bâti plus de systèmes qu'on n'a examiné de faits. On peut dire en général, sans que ce soit une règle absolue, que les fonctions de relation proviennent du mâle : il donne la vie animale, tandis que le fond, la vie organique, appartiennent plutôt à la femelle. On dit encore que dans le produit l'arrière-main tient de la femelle et l'avant-main du père ; mais toutes ces affirmations ne s'appuient pas sur des faits et ils ne méritent pas que nous nous en occupions davantage.

En dehors de toute espèce de système, le tempérament des reproducteurs a une grande influence ; il y a évidemment apport de certains défauts et de certaines qualités. La femelle a une influence énorme, directe; elle agit comme concourant à la reproduction et comme nourrice : pendant le long espace de temps que le jeune animal vit en commun avec sa mère, il acquiert des similitudes de tempérament; la nourriture qu'elle lui donne après la parturition influe encore sur ses qualités à venir. Cette influence de tempérament du père et de la mère dérive de leur santé présente et passée, de leur âge; il faut, pour qu'un reproducteur soit avantageux, que les organes de la génération soient dans une santé parfaite, qu'ils possèdent une certaine irritabilité nerveuse qui annonce la fécondité. On verra si l'animal ne porte point de marque de séton, ce qui serait toujours un mauvais signe ; si les muqueuses des organes de la génération sont d'une bonne couleur. L'influence de toutes ces causes est énorme : une mauvaise conformation du système nerveux amène des maladies héréditaires. On cite, à ce sujet, un exemple qui prouve qu'une maladie subite se développant au moment de la fécondation se trahit de la façon la plus terrible sur les produits. Un chien eut les reins brisés pendant la monte, et resta paralysé du train de derrière ; sur huit petits que la chienne a mis bas, sept présentèrent des signes de paralysie dans l'arrière-main.

Les chevaux, outre ces maladies nerveuses qui leur donnent souvent une sorte d'immobilité que rien ne peut vaincre, possèdent encore d'autres affections qui se transmettent aux descendants. Le cornage en est un exemple : il résulte d'une mauvaise disposition de l'appareil respiratoire ; au repos il est assez difficile de le reconnaître, mais on n'a qu'à faire courir l'animal pendant quelques instants, et, quand il s'arrête, sa respiration bruyante trahit son affection.

CHAPITRE XXIV

DE L'INFLUENCE DES PRODUCTEURS

Voyons à quel âge il convient de livrer les reproducteurs à leur fonction et quelle est leur influence sur la taille, le sexe et la robe du produit.

L'âge des reproducteurs est un des éléments de la valeur du produit. L'animal a une certaine période pour reproduire ; celle-ci commence plus ou moins tôt, suivant les espèces, le climat et l'alimentation. C'est lorsque l'animal est arrivé à jouir de la totalité de sa puissance, qu'il possède tout son développement, qu'il peut communiquer à son produit la meilleure organisation possible. L'âge adulte est le terme de l'accroissement normal de l'animal ; mais déjà avant cet âge il est apte à la reproduction, il peut appliquer à ces fonctions une partie des matériaux utiles qu'il puise dans ses aliments. A côté de l'âge physiologique, il y a l'âge économique qui varie suivant les conditions dans lesquelles on se trouve, suivant les débouchés qu'on a à sa disposition, suivant le service auquel on destine l'animal qu'on veut obtenir. Ainsi quand on élève des animaux pour la boucherie ou la production du lait, il n'est pas nécessaire d'attendre que l'étalon soit arrivé à tout son développement; l'emploi d'un jeune taureau pourra en effet donner au produit une certaine mollesse qui n'est pas nuisible pour ces fonctions spéciales. Quand on veut avoir des animaux de travail, on peut même, dans certains cas, employer de jeunes étalons, lorsqu'on est sûr d'avoir des aliments abondants à donner au produit obtenu. Dans tous les cas, il faut attendre pour la femelle un développement suffisant; il ne faut pas que, pendant la grossesse, elle ait encore besoin d'employer une partie de ses aliments à son propre accroissement; le jeune animal serait mal à l'aise dans un bassin non encore développé.

L'âge auquel on peut appliquer les animaux à la reproduction varie suivant les espèces et les races. Chez le cheval, les dernières dents arrivent à cinq ans, elles indiquent par conséquent la fin de son développement normal; mais il est apte à la reproduction avant cet âge. Pour les races du Nord, c'est vers trois ans et demi, quatre ans, et chez les races du Midi et d'Orient seulement vers six, sept et huit ans, que commence l'époque à laquelle on les livre à la reproduction. La race flamande pourrait même produire plus tôt, mais cependant Bourgellat indique qu'il faut attendre les pouliches jusqu'à cinq ans dans les races de travail.

Combien de temps les animaux peuvent-ils servir comme reproducteurs? Bien qu'on ait cité des exemples de juments pouvant porter jusqu'à trente ans, on peut dire qu'en général, pour le cheval comme pour l'âne, l'âge de la reproduction commence de trois à cinq ans et finit de quinze à seize. Les bœufs sont beaucoup plus précoces; à deux ans on peut employer le taureau, à dix-huit mois la génisse; mais à huit ans le taureau doit être mis de côté. Quand les animaux reçoivent une bonne alimentation, on peut même encore hâter l'époque où ils commencent à servir comme reproducteurs ; c'est de quinze mois pour l'un et pour l'autre.

Dans l'espèce ovine, c'est à peu près vers cinq ans, comme chez le bœuf, que l'animal est arrivé à tout son développement ; mais si on ne constatait que l'apparition des désirs, le bélier serait apte à la reproduction à six mois. Toutefois un animal employé si jeune ne produirait que des natures molles et lymphatiques ; on peut employer sagement le bélier à dix-huit mois, et à huit ans il peut être réformé. Pour le bouc et la chèvre, la reproduction est possible à deux ans, à huit elle ne l'est plus. Les porcs les plus précoces manifestent des désirs quelques semaines après leur naissance ; de six à huit mois on peut les employer utilement, mais à deux ou trois ans il faut s'en défaire, car ils deviennent féroces et intraitables.

Il y a trois choses à examiner dans la conformation des reproducteurs : 1° s'ils sont bien constitués au point de vue de l'alimentation, s'ils s'assimilent facilement leurs aliments et s'ils en tirent un bon parti ; 2° si l'animal est complétement développé au point de vue de la reproduction, ce dont on s'assurera au moyen d'un examen attentif des organes de la génération ; 3° enfin si les animaux reproducteurs possèdent les qualités qu'on recherche dans le produit.

Les reproducteurs possèdent en outre certaines qualités morales qu'ils transmettent au produit ; ainsi la méchanceté, l'habitude de mordre, la complète insensibilité à la crainte et aux flatteries, passent des reproducteurs au produit.

En continuant cette étude de l'influence des reproducteurs, nous devons nécessairement nous demander quelles actions ils exercent sur le sexe, la taille et la robe du produit.

Nous allons fixer notre attention sur l'influence des reproducteurs déterminant le sexe du produit, moins en vue de ce sexe lui-même, que pour saisir ainsi la part de chacun des parents dans la constitution du jeune. D'après un grand nombre d'expériences, on peut dire que généralement le sexe du produit est celui du reproducteur qui possède la plus grande vigueur au moment de la génération. Voici plusieurs faits curieux qui viennent à l'appui de cette opinion. En 1814, M. de Morel-Vindé, voulant soustraire ses animaux et ses provisions aux armées étrangères, avait envoyé ses animaux dans les bois; il obtint dans la production suivante beaucoup plus de mâles que de femelles ; le rapport était comme 1.52 : 1 ; les femelles qui avaient quatre ans ou quatre ans et demi n'avaient point été influencées par le régime appauvrissant qu'elles avaient subi, et donnèrent plus de femelles que de mâles; mais au contraire les très-jeunes brebis et les plus vieilles souffrirent plus que les béliers de privations et ne donnèrent que des mâles. Une autre expérience faite sur des juments donna encore un résultat dans le même sens : on prit quatre juments à peu près dans les mêmes conditions : deux furent soumises à un régime alimentaire abondant, deux autres recevaient une nourriture plus pauvre ; on les fit saillir toutes quatre. Les deux premières donnèrent des femelles, les deux secondes des mâles. On peut dans les troupeaux reconnaître facilement cette influence de la vigueur des producteurs sur le sexe du produit ; il résulte d'expériences faites pendant dix ans sur 3,000 moutons, qu'en divisant la monte en deux périodes, on a toujours dans la première plus de femelles que de mâles, et dans la seconde plus de mâles que de femelles. Dans le premier cas on a la proportion suivante : F : M :: 1.266 : 1, et dans le second F : M :: 0.866 : 1. L'explication est facile, les brebis qui sont couvertes les premières sont les plus énergiques, ce sont elles qui entrent les premières en chaleur ; tandis que celles qui sont couvertes les dernières sont moins fortes ; dans le premier cas l'influence de ces femelles fortes est prépondérante, dans le second le mâle est plus vigoureux et donne son sexe au produit. Un épuisement antérieur de l'étalon modifie aussi le sexe du produit; ainsi une personne désirait avoir une jument; elle fit saillir son étalon à deux reprises différentes et ne lui donna qu'ensuite la jument dont elle voulait avoir le produit femelle. L'étalon, fatigué en effet par ces deux montes successives, se trouva moins vigoureux que la jument, et le produit fut une femelle. Sur des porcs l'expérience a aussi très-bien réussi ; on donna un verrat de sept à huit mois à deux truies d'un âge égal ; la première mit bas cinq mâles et deux femelles, la seconde six femelles et deux mâles. L'épuisement d'un animal ne provient pas seulement d'une monte précédente : les vaches laitières, par exemple, donnent plus de mâles que de femelles, épuisées qu'elles sont par la production constante du lait.

L'âge du producteur influe encore dans l'existence

du produit, comme il était facile de le prévoir d'après l'influence de la vigueur. Ainsi on a essayé des béliers de deux ans sur des brebis de quatre ou cinq ans ; il y a eu moitié plus de femelles que de mâles; en donnant au contraire de jeunes brebis à des béliers adultes, la proportion des mâles a été plus considérable. L'état maladif influe encore sur la vigueur des producteurs et par contre sur le sexe du produit. Les vaches phthisiques donnent généralement plus de mâles que de femelles.

L'atavisme a lui aussi une influence bien manifeste sur la valeur du produit.

A l'aide de ces données, on pourrait presque juger les animaux dans un haras ou une vacherie. S'il y a plus de mâles que de femelles, il faut en conclure que l'étalon ou le taureau est proportionnellement plus vigoureux que les juments ou les vaches ; si, au contraire, ce sont les femelles qui sont plus nombreuses, on en conclura la faiblesse relative de l'étalon.

Toutes ces considérations sont importantes quand on veut perfectionner une race, car elles permettront souvent de connaître quel est l'aliment qui a dominé.

Les reproducteurs ont aussi une influence indéniable sur la robe du produit.

On peut dire en général que les jeunes mâles ressemblent plus à leur mère, tandis que les jeunes femelles ressemblent à leur père; ce fait, qu'on a remarqué dans l'espèce humaine, se trouve vérifié par l'observation dans les races domestiques.

On a prétendu quelquefois que les Arabes attachaient dans la reproduction de leurs chevaux une importance bien plus grande à la femelle qu'au mâle ;

c'est une erreur. Les Arabes connaissent trop bien les chevaux pour ne pas savoir l'immense influence de l'étalon sur la valeur du produit. Il y a un proverbe arabe qui dit : « La jument est un sac, mets-y de l'or, tu auras de l'or ; mets-y du cuivre, tu auras du cuivre. » Abd-el-Kader, dans ses écrits, attribue à l'étalon une très-grande valeur. L'attachement des Arabes pour la jument se comprend au reste facilement : elle est plus sobre que le cheval, elle supporte mieux la soif, elle peut pendant la course se débarrasser plus facilement de ses excréments, elle ne hennit pas et ne trahit pas l'embuscade ; enfin la jument a une valeur mercantile plus grande, elle donne un poulain qu'il est facile de vendre. Ces raisons sont plus que suffisantes pour faire comprendre l'importance que ce peuple attache à cet animal; il y a loin de là à ne pas reconnaître que, pour avoir de beaux produits, l'étalon est au moins aussi important que la femelle.

CHAPITRE XXV

LE CROISEMENT ET LA SÉLECTION

Nous avons vu que le jeune mâle ressemblait en général à sa mère, tandis que la jeune femelle semblait se rapprocher de l'étalon. Un autre principe, c'est que la ressemblance du père au produit est plus constante que celle de la mère à ce même produit. Il arrive quelquefois qu'un jeune animal ressemblant d'abord à la mère ressemble ensuite au père ; cette ressemblance avec le père est toujours plus constante que ne l'est celle avec la mère. Quand un jeune a les caractères de l'étalon, il y a beaucoup de chances pour qu'il les conserve, tandis que, s'il ressemble d'abord à la mère, la ressemblance peut s'effacer assez rapidement. Quoi qu'il en soit, l'énergie de chacun des producteurs a une influence très-grande, et dans certains cas il faut se garder de l'oublier.

Généralement les races laitières sont un peu amollies. Si on prend une femelle de cette espèce et qu'on lui donne un taureau très-robuste appartenant à une race différente, il pourra donner un veau qui n'aura plus aucun des caractères des races laitières, tant son influence aura été prédominante ; il pourrait en être de même pour une race de boucherie.

Toutes ces considérations prouvent qu'il est de la plus haute importance d'avoir un bel étalon : il coûtera cher à acheter, cher à entretenir ; mais comme il exerce sur le produit une énorme influence, ce sera le seul moyen d'avoir de beaux animaux. La jument a certainement elle-même une importance considérable ; mais comme il est impossible d'avoir pour elle les mêmes soins que pour l'étalon, il en résulte qu'il faut employer à l'achat et à l'entretien de celui-ci autant d'argent et de soins qu'on le pourra.

Dans le choix des reproducteurs, on peut avoir deux buts différents, transformer les produits ou les conserver. Il y a deux méthodes pour arriver à ces résultats, le croisement et la sélection. Pour le croisement, on réunit deux reproducteurs de races différentes, on obtient pour produit un demi-sang; on unit ce demi-sang avec un autre produit obtenu de la même façon, et ainsi de suite, de manière à confondre les caractères des deux races dans une troisième. Si, au contraire, on choisit dans une race bien déterminée les plus beaux animaux ou ceux qui présentent les qualités qu'on veut développer dans la race et qu'on les unisse, on fera une sélection.

Maintenant, disons-le franchement, avec le croisement tel que je viens de le définir, on arrive à de beaux produits, mais on ne fait jamais de *race;* il n'existe pas une seule race qui ait été ainsi créée par croisement. Il faut bien définir ce mot race pour que nous puissions nous entendre : une race ne sera pas pour nous une réunion d'animaux plus ou moins semblables, ce sera un ensemble tel, qu'en prenant un étalon de cette race et en le réunissant à une femelle, cet étalon ait assez d'atavisme, de puissance pour imprimer au produit un cachet bien déterminé.

Ainsi en Angleterre, en croisant des brebis mérinos avec des béliers dishley, on est arrivé à une certaine amélioration de cette race anglaise. On a obtenu quelque chose d'intermédiaire entre les races dishley mérinos. Mais il n'y a pas de race, un bélier mérinos-dishley est sans influence sur le produit quand il est accouplé avec une brebis mérinos, et, nous l'avons dit, c'est là pour nous le caractère distinctif d'une race.

Il existe une autre espèce de croisement, qui produit au contraire d'excellents résultats; c'est avec ce croisement pratiqué, suivant une méthode toute spéciale, que les Anglais ont produit toutes leurs belles races.

Un étalon arabe est transporté en Angleterre, on lui donne une jument de grande race, du Yorkshire ou Cleveland ; de cette union naît un produit. Si c'est un mâle, vous le châtrez, vous vous en servez comme cheval ; il est magnifique, mais cependant il ne doit pas servir comme reproducteur. Au contraire, si c'est une jument, vous lui donnez l'étalon arabe et vous agissez avec le produit comme précédemment, n'employant jamais les mâles demi-sang comme étalons, mais toujours le pur sang arabe, et au contraire transformant la race avec les juments métis que vous faites saillir par le pur sang. Ainsi par l'étalon vous introduisez du sang arabe, par la jument vous augmentez la taille et vous arrivez ainsi à d'excellents résultats. La mère dans ce cas-là ne sert plus de moule, pour ainsi dire, et bientôt les produits n'ont plus que du sang de l'étalon. Toutes les races anglaises ont été faites ainsi. En France on arrivera peut-être aussi à faire quelques races par cette méthode; c'est ainsi que M. de Torcy a procédé, dans la création de sa race de bœufs de boucherie. Il donna le taureau schwitz à des vaches normandes, il obtint des métis, et il mit sur ces métis le taureau durham. Puis aux femelles ainsi obtenues et qui étaient par conséquent schwitz et durham-normandes, il donna exclusivement le taureau durham, employant les mâles métis à l'engraissement. Le taureau appartenant à une race bien fixée domina facilement les vaches métis dans les produits, et imprima son cachet; c'est ainsi et seulement en employant des étalons pur sang que le croisement peut avoir de bons résultats. M. Malingié a procédé absolument de la même façon dans la création de sa race du mouton de la Charmoise, dans Loir-et-Cher. Il prit ses brebis dans les races du Berry et de la Touraine en croisant leur sang; puis sur ces animaux sans caractère bien net il mit le bélier newkent appartenant au contraire à une race fixe et déterminée. Il obtint ainsi de magnifiques produits. Les béliers de cette race prendront-ils avec le temps un caractère suffisamment net pour marquer leurs produits d'une manière constante? C'est possible, mais ce résultat n'est pas encore obtenu. En tous cas, si nous blâmons le croisement pour faire des races, nous n'en blâmons point l'emploi pour obtenir des produits qui peuvent être magnifiques, si d'ailleurs la production est dans de bonnes conditions.

Pour les races chevalines françaises, on n'a pas suivi cette méthode particulière de croisement, qui a donné de si bons résultats en Angleterre; aussi n'avons-nous réellement plus de races. Les chevaux normands, par exemple, ont été tellement mêlés de sang anglais de toutes les façons qu'ils n'ont plus aucun caractère constant et que la race va toujours se modifiant suivant les étalons.

Nous avons dit qu'on pouvait, en employant le croisement, arriver quelquefois à améliorer une race; mais on y arrive bien plus sûrement en procédant par sélection.

Pour avoir de bons produits, il faut avoir des races pures.

Pour avoir des races pures, il faut les améliorer par sélection.

Ainsi prenez certaine race pure de chevaux en Normandie, donnez-lui l'étalon sang anglais, vous aurez un magnifique produit.

Prenez une race normande bovine pure, donnez le taureau durham, vous aurez encore un superbe animal.

Ayez des produits demi-sang, mais des reproducteurs pur sang, c'est le seul moyen d'arriver.

Dans les croisements il y a encore d'autres principes à observer. S'il s'agit de modifier les formes, il faut que l'étalon ait une supériorité d'atavisme bien marquée, sans cela vous n'arrivez à rien de constant. Ainsi mêlez deux races à peu près semblables, des juments navarines et des étalons arabes, deux races qui se valent à peu de chose près, vous aurez tantôt des produits bien arabes, tantôt des produits bien navarins, l'étalon ne pourra pas dominer d'une façon constante. En France nous avons dans le Roussillon une race de moutons à peu près semblables aux mérinos; on a voulu croiser les deux races, mais les différences n'étaient pas suffisantes et cette race roussillonnaise était trop bien fixée pour que cet essai pût réussir. Au contraire, en donnant le mérinos à nos races de l'Aveyron, qui sont moins bien déterminées, on a eu d'excellents résultats. Il ne faut pas exagérer ces principes ; ainsi, quand on unit deux races tout à fait dissemblables, on n'obtient que des produits décousus, non harmonieux.

Il est important, quand on choisit un étalon, de savoir si son caractère vient de son père ou de sa mère, car, s'il vient du père, la ressemblance est d'autant plus certaine, puisque le père a donné son sexe et son caractère. Plus aussi ces caractères seront anciens dans la généalogie de l'animal, et plus il y aura de chances pour qu'ils se conservent.

La femelle a une grande influence sur la taille du produit ; quand on veut grandir une race, il faut prendre de grandes femelles. Quant à l'étalon, il n'y a aucun inconvénient à ce qu'il soit de petite taille, tandis qu'il y aurait beaucoup de désavantage si on procédait en sens contraire ; en prenant de grands étalons et de petites juments, celles-ci éprouvent des difficultés pour mettre bas, le fœtus trop grand pour la mère se développe mal dans son sein ; tandis qu'au contraire si la femelle est de haute taille, le jeune pourra se développer facilement, la mère pourra le nourrir abondamment ; il se trouvera ainsi dans les meilleures conditions possibles et sera en général de la taille de sa mère. Toutes les fois qu'on a voulu grandir les races avec les étalons, on n'a eu que de très-mauvais résultats, soit en France quand on a donné à la race normande des étalons du Holstein, soit en Angleterre pour l'amélioration des races ovines. Au reste nous avons perpétuellement sous les yeux l'exemple du mulet, toujours plus grand que le baudet et qui atteint souvent la taille de la jument.

Si nous avons donné à l'étalon une influence supérieure dans la forme du produit, à la femelle dans la taille, pour la robe nous dirons qu'en général, c'est celui des deux reproducteurs qui est le plus vigoureux qui la transmet au jeune, ainsi que les sabots, les cornes, etc. Cependant on a remarqué que le père donne au jeune la robe, quand celle-ci est de couleur foncée. Il arrive souvent aussi qu'il transmet les taches qu'il a sur les extrémités, et il les transmet précisément dans la même position ; ces taches sont quelquefois héréditaires dans une famille, elles deviennent presque un caractère.

CHAPITRE XXVI

DE LA FÉCONDATION

Nous avons passé en revue quelle était la part de chacun des reproducteurs dans les différentes qualités du jeune animal ; nous avons montré qu'il fallait toujours associer les reproducteurs d'après leurs qualités spéciales et d'après les qualités qu'on voulait avoir dans le produit. Nous avons vu que le tempérament du produit dépendait de l'état de santé parfaite des parents et surtout de la mère ; que le sexe était celui du reproducteur qui, au moment de la fécondation, avait la plus grande énergie ; que la taille était, en général, donnée par la mère, tandis que la forme appartenait à l'étalon ; que la robe, bien que dépendant souvent de ce dernier, était cependant celle du plus énergique des reproducteurs. Notre conclusion a été que l'étalon avait le maximum d'influence, et qu'à part la taille et le tempérament, c'était toujours avec l'étalon qu'il fallait agir quand on voulait donner aux produits certaines qualités particulières.

Avant de commencer l'étude du jeune animal, nous sommes naturellement conduit à parler des causes qui amènent sa naissance : des chaleurs. Les fonctions de reproduction comme toutes les autres fonctions de l'économie ont un temps de sommeil et un temps de réveil ; ce réveil est marqué par l'apparition des chaleurs, et c'est pendant cette époque seulement que les animaux sont aptes à la reproduction. Les chaleurs se développent le plus souvent au moment où la température commence à devenir plus douce, au printemps; pour quelques animaux, au contraire, les chaleurs apparaissent à l'automne et en hiver. La jument entre en chaleur vers la fin du mois de mars et y reste presque jusqu'à la fin de juin. L'ânesse est en chaleur pendant les mois de mai et de juin. La vache, qui est très-peu régulière, depuis la fin d'avril jusqu'au milieu de juillet. Chez la brebis les chaleurs apparaissent presque en tous temps, tous les quinze jours quand elle n'est pas féconde ; cependant c'est plutôt vers la fin de l'automne et en hiver que les chaleurs apparaissent d'une façon constante. La truie est en chaleur en tous temps, tous les quinze jours quand elle n'est pas pleine, mais surtout en janvier et février. Au reste, le retour des chaleurs est subordonné à la durée de la gestation; c'est en général huit ou dix jours après la mise bas pour la jument, un peu plus tôt pour l'ânesse, un peu plus tard pour la vache. Quand il s'agit de vaches de travail, il n'y a aucun inconvénient à profiter de ce premier retour des chaleurs ; quand on a des vaches déjà vieilles, il faut se hâter de leur amener le taureau, de crainte que ces chaleurs ne disparaissent. Si on élève, au contraire, de jeunes vaches pour le lait ou la viande, on peut les laisser reposer pendant quelque temps après la parturition. La durée de ces chaleurs est variable, elles sont plus fugaces chez la vache que chez la jument, et c'est là une difficulté à établir des stations de taureaux comme on en établit d'étalons.

Rappelons la signification des chaleurs, au point de vue physiologique. Nous avons vu que l'organe mâle sécrétait dans l'acte de la reproduction une liqueur particulière douée de propriétés fécondantes. La femelle sécrète un œuf; cet œuf se produit dans l'ovaire, il grandit peu à peu, puis tend à rompre les enveloppes qui l'environnent dans l'ovaire ; et, lorsque cette rupture a lieu, l'ovule tombe, dans les trompes de Falloppe qui doivent l'amener dans la cicatrice, en laissant sur l'ovaire une cicatrice jaune ou brune suivant l'âge. Cette rupture de l'ovule et son arrivée dans les trompes et dans la matrice sont des phénomènes tout à fait indépendants du rapprochement des deux sexes. En même temps, tout l'appareil de la reproduction entre en activité, ce travail intérieur se traduit au dehors par un afflux de sang considérable, par une sorte d'inflammation de toutes les membranes ; la peau s'épaissit, se gonfle et il s'écoule au dehors par la vulve des mucosités sanguinolentes. C'est autant à ces signes locaux, qu'à une impatience générale, à une certaine irritabilité nerveuse qu'on reconnaît l'arrivée des chaleurs. Tous ces phénomènes se passent sans l'intervention du mâle; cependant il arrive souvent que sa présence attire ou amène la réalisation de ces phénomènes. L'accouplement a pour effet de déterminer la rupture de l'ovule et par conséquent d'appeler l'animal à la fécondité. Il pourrait arriver, sans cette excitation, que l'ovule fût résorbé, disparût et n'arrivât pas dans les conduits extérieurs. Quand les chaleurs indiquent que la femelle vient de créer les germes de l'embryon, il faut se hâter de profiter de ce phénomène et rapprocher les deux reproducteurs, c'est le moment de la saillie ou de la monte.

A quelle époque doit se faire la monte ? Ce doit être évidemment à l'époque des chaleurs, puisque c'est le seul moment où l'accouplement puisse être fécond ; mais notre influence sur les animaux domestiques peut retarder ou avancer cette époque suivant nos besoins. Il y a pour ainsi dire deux époques pour la fécondation, une époque physiologique indiquée par les animaux à l'état de nature, et une époque économique qui dépend du moment où il sera plus avantageux pour le propriétaire de placer la parturition et le sevrage du produit. Il faut qu'à ce moment la température ne soit pas trop basse, que les fourrages soient abondants. Si on agit sur des bœufs, il faut encore calculer à quelle époque on se trouvera privé de lait; car, si l'on est dans le voisinage d'une grande ville, le lait a des valeurs différentes en été et en hiver ; quand on fait travailler les vaches, il faut encore avoir soin de ne pas placer la parturition au moment où l'on aura besoin de leurs services. Dans le Midi on donne les béliers à la monte au mois de juillet; on obtient les produits en novembre et décembre. Dans le Nord la parturition arrive au commencement du printemps. Dans tous les cas il est utile que la monte se fasse dans le même mois ; elle exige certains soins, certaines dépenses de main-d'œuvre, qu'il est bon de réunir dans un court espace de temps, et de plus, si elle est répandue sur un plus long espace de temps, on serait au milieu d'un travail continuel qui ne laisserait aucun temps pour l'exploitation.

La durée de la gestation détermine le retour des

chaleurs. La jument porte pendant des temps qui peuvent varier d'une façon très-sensible : la durée de sa gestation peut être de dix mois vingt-deux jours au moins et de treize mois vingt-neuf jours au plus ; en moyenne cette durée est de trois cent quarante-sept à trois cent soixante-cinq jours, de onze mois à un an. L'ânesse porte aussi de onze mois et demi à un an. D'après des observations faites en Angleterre, la vache porte sept mois dix jours au moins et dix mois au plus ; en Belgique la durée moyenne de la gestation est composée entre huit et dix mois ; mais dans certaines circonstances extrêmes on a pu observer des différences de quatre-vingt et un jours d'une gestation à l'autre. En général un veau qui vient au huitième mois n'est pas viable ou n'est jamais un animal bien constitué ; deux cent quarante-sept jours représentent assez bien la moyenne générale de gestation pour la vache. La chèvre et la brebis portent cinq mois avec des extrêmes de quinze jours. La truie porte moins longtemps, la parturition est comprise entre le cent neuvième et le cent vingt-troisième jour après la fécondation ; on indique le temps de la gestation comme étant de trois mois trois semaines et trois jours, ce qui donne cent quinze jours. On peut presque toujours prévoir à peu près le moment de la parturition : il se trahit par un développement considérable du ventre ; cependant pour les juments de race noble ce grossissement du ventre est très-peu apparent ; la présence de certains liquides annonce au reste l'arrivée du jeune animal. Il faut toujours donner dans ces circonstances des soins exceptionnels à la mère et au jeune être.

Lorsque l'œuf sécrété par l'ovaire a rencontré dans

les trompes le produit mâle et descend dans la matrice passant par une suite curieuse de développements avant d'arriver à constituer le jeune animal, il se développe alors dans l'œuf des expansions urticulaires qui grossissent peu à peu, s'allongent et vont correspondre à l'utérus. C'est par ce canal particulier, nommé cordon ombilical, que l'embryon communique avec la mère. Il y a une sorte de juxtaposition entre les foyers du placenta et de l'utérus, telle que les liquides nourriciers passent à travers ces tissus pour porter au jeune être les aliments de sa constitution ; peu à peu l'animal commence à se former. Le ventre est la partie qui se forme la dernière. Puis les parois se réunissent, et le cordon ombilical, qui est alors complétement entouré, fait toujours communiquer l'embryon et la mère. La parturition se compose pour ainsi dire de deux parties distinctes, l'expulsion du jeune animal et celle du placenta, qui se succèdent à peu d'intervalle. Il arrive souvent que la mère est portée par un instinct particulier à dévorer ce placenta ; ce phénomène est facile à expliquer. Ce placenta constitue une masse extrêmement riche en matière animale qui, une fois sortie du corps de la mère, entrerait promptement en pourriture et pourrait communiquer cette décomposition au jeune être et occasionner ainsi sa mort. Une aberration de cet instinct de la part de la mère est de dévorer le jeune. Dans les espèces domestiques on enlève ce placenta ; au bout de quelques heures on rend le jeune à sa mère, qui est en général toujours bien disposée à le recevoir, et peu à peu il s'habitue à prendre le lait dans ses mamelles et commence sa vie régulière.

Nous avons peu de choses à dire sur l'allaitement ;

faut-il laisser teter le jeune animal ou faut-il l'élever au baquet ? Il n'y a point ici de règle absolue. La succion détermine une sécrétion de lait plus abondante ; aussi il est bon de laisser teter quand on a des races mauvaises laitières ; si au contraire la mère donne beaucoup de lait, il vaut mieux en conserver une partie et nourrir le jeune animal au baquet. Il y a, au moment du sevrage, certaines précautions à prendre qu'il serait trop long de détailler ici ; rappelons seulement qu'il faut donner pendant la jeunesse une nourriture abondante, surtout quand on élève des animaux pour la boucherie, car c'est à cette époque que se développent la poitrine et le tronc de l'animal, et qu'il est bon dans ce cas de concentrer là toute l'activité de la vie. Les membres se développent plus tard, mais si l'animal a reçu une nourriture très-abondante, ces extrémités restent toujours courtes et peu développées par rapport au tronc qui est toujours large et puissant.

C'est ici que nous nous arrêtons après avoir suivi l'animal dans les différentes fonctions qu'il remplit au point de vue utile. Nous l'avons considéré successivement comme bête de boucherie ou productrice de lait, comme animal de travail et enfin comme reproducteur ; nous sommes arrivé ainsi à parler de la fécondation et à voir le développement du jeune être dans le sein de la mère. Nous l'avons donc retrouvé à sa jeunesse, point de départ de ce travail.

TABLE DES GRAVURES

	Pages.
Portrait de Baudement	VIII
Fig. 1. — Bœuf de race Durham	54
2. — Bélier mérinos	66
3. — Moutons Leicester ou Dishley	68
4. — Porc craonnais	78
5. — Porc normand	82
6. — Porc anglais dit de grande race	88
7. — Porc anglais dit de petite race	92
8. — Cheval anglais	152
9. — Cheval percheron	154
10. — Cheval boulonnais	156
11. — Cheval arabe	160
12. — Baudet du Poitou	164

FIN DE LA TABLE DES GRAVURES.

TABLE DES MATIÈRES

Pages.

Avant-Propos.. v

Introduction, par M. Guy de Charnacé.................... ix

Chapitre Ier. — Définitions............................ 1

II. — De l'alimentation.................................. 11

III. — Des fourrages..................................... 22

IV. — Des équivalents nutritifs.......................... 29

V. — Du rapport de la ration au poids vif................ 39

VI. — De l'engraissement................................. 46

VII. — Des caractères spécifiques des races aptes à l'engraissement............ 51

VIII. — Des relations de l'élevage et de l'engraissement dans l'espèce bovine............ 57

IX. — Engraissement de l'espèce ovine..................... 64

X. — Engraissement, commerce et élevage de l'espèce porcine............ 71

XI. — Des qualités spéciales des divers aliments.......... 97

XII. — Des maniements et de l'appréciation du bétail............ 107

Chapitre XIII. — Des rendements des bêtes abattues....... 112
XIV. — De la production du lait................ 121
XV. — Du système Guenon.................... 131
XVI. — Du rendement en lait................... 137
XVII. — Du travail.............................. 144
XVIII. — Des différents types chez le cheval....... 151
XIX. — L'âne et le mulet....................... 163
XX. — Parallèle entre le cheval et le bœuf comme animaux de trait...................... 166
XXI. — De l'alimentation des animaux de travail.. 171
XXII. — De la reproduction...................... 178
XXIII. — De l'hérédité. — De l'atavisme.......... 185
XXIV. — De l'influence des producteurs........... 191
XXV. — Le croisement et la sélection............. 198
XXVI. — De la fécondation...................... 205
Table des gravures.................................. 213

FIN DE LA TABLE DES MATIÈRES.

CORBEIL, typ. et stér. de CRÉTÉ.

www.ingramcontent.com/pod-product-compliance
Ingram Content Group UK Ltd.
Pitfield, Milton Keynes, MK11 3LW, UK
UKHW022054260726
13993UKWH00001B/104